华东交通大学教材（专著）基金资助
国家自然科学基金项目（61262031）资助

U0296990

基于稀疏表达的火焰与烟雾
探测方法研究

蒋先刚 ‖ 著

西南交通大学出版社
·成 都·

内容简介

本书主要介绍基于稀疏表达的火焰与烟雾区域的识别方法和程序实现技术。从工程应用角度，本书比较全面地介绍了基于统计分析和稀疏表达的火焰区域的识别方法和实用技术。全书分为5章，第1章介绍了火焰与烟雾区域识别方法的基本理论和概念，并介绍了压缩感知和稀疏表达方法在火灾探测系统中的应用。第2章介绍了火灾区域的特征定义、变换与选择以及程序设计方法。第3章介绍了基于统计方法的火焰与烟雾区域的分类方法和程序设计方法。第4章介绍了稀疏表达方法及其对火焰与烟雾区域的识别和程序设计方法。第5章介绍了基于特征融合与分类器组合的火焰与烟雾区域的探测方法和程序设计方法。书中各章包含基于稀疏表达和统计方法的多个火焰与烟雾区域识别系统的工程应用研究例程，各章之间的理论分析和程序模块具有一定的相关性和独立性。本书既注重理论又突出实用。

本书可作为大学生、研究生和工程软件人员的基于稀疏表达的图像模式识别的算法及相关应用课程的参考资料和自学用书，书中的多个软件包的设计例程全部通过 Delphi 7 验证实现，随书所附光盘提供书中所介绍的所有基于稀疏表达的数字图像模式识别项目研究的软件包的完整源程序，编程和运行所需资源、素材和控件。

图书在版编目（C I P）数据

基于稀疏表达的火焰与烟雾探测方法研究 / 蒋先刚
著. 一成都：西南交通大学出版社，2017.8
ISBN 978-7-5643-5558-6

Ⅰ . ①基… Ⅱ . ①蒋… Ⅲ . ①火焰 – 探测 – 方法研究
②烟雾探测 – 方法研究 Ⅳ . ①TU998.1

中国版本图书馆 CIP 数据核字（2017）第 159760 号

基于稀疏表达的火焰与烟雾探测方法研究

蒋先刚 / 著

责任编辑 / 黄庆斌
封面设计 / 墨创文化

西南交通大学出版社出版发行
（四川省成都市二环路北一段 111 号西南交通大学创新大厦 21 楼 610031）
发行部电话：028-87600564 028-87600533
网址：http://www.xnjdcbs.com
印刷：成都中铁二局永经堂印务有限责任公司

成品尺寸 185 mm×260 mm
印张 12.5 字数 267 千
版次 2017 年 8 月第 1 版 印次 2017 年 8 月第 1 次

书号 ISBN 978-7-5643-5558-6
定价（含光盘） 78.00 元

前 言

数字图像模式识别方法在工业、农业、国防、科学研究和医学等各个领域得到了更加全面的应用。稀疏表达和分类方法在火灾探测和其他图像识别领域得到了更加广泛的应用。

本书主要介绍了基于稀疏表达的火灾区域识别的基本方法和程序实现技术，以具体的火焰与烟雾探测系统的工程项目研究为展开点，介绍和实现了基于稀疏表达和统计分析的模式识别研究所涉及的新算法和新技术。全书分为 5 章，每章都以多个具体的火灾区域探测与识别软件包开发的实例来叙述其相关的稀疏表达理论和统计分析技术。

第 1 章介绍火焰与烟雾区域识别方法的基本理论和概念,并介绍了压缩感知和稀疏表达方法在火灾探测系统中的应用。本章概述了火灾识别系统中的火焰与烟雾区域的特征定义和变换方法，火焰与烟雾区域分类方法。同时介绍了基于压缩感知的火焰与烟雾区域的表达和识别方法的基本概念。

第 2 章介绍火灾区域的特征定义、变换与选择以及程序设计方法。本章介绍了火焰和烟雾的颜色特征，探讨了基于暗通道的烟雾颜色特征提取技术，同时还分析了火焰与烟雾区域的 LBP 特征、动静态 HOG 特征、帧间差特征、光流直方图特征和协方差描述子特征。本章分析了基于主元分析的特征变换、基于核主元分析的特征变换、基于 PCA 特征基的字典原子产生方法。重点讲述了基于 Relief 的特征选择方法和程序设计技术。

第 3 章介绍基于统计方法的火焰与烟雾区域的分类方法和程序设计方法。本章主要介绍基于贝叶斯决策的火焰分类方法的基本理论和程序设计方法，同时介绍了决策树和随机决策森林的火灾区域分类技术，该章还介绍了基于遗传算法的森林火灾自动识别的分类方法，同时介绍了基于类条件概率密度的火焰视频移动轨迹跟踪系统设计方法。

第 4 章介绍稀疏描述及其火焰与烟雾区域的识别。本章介绍了稀疏字典的构成方法，主要对各种字典构成和稀疏编码方法对图像去噪和重构的理论和方法进行了分析和程序设计，对火焰特征的稀疏字典构成和火焰区域分类识别方法进行了分析和程序设计。

第 5 章介绍基于特征融合与分类器组合的火焰与烟雾区域的探测方法和程序设计方法。本章介绍了火焰与烟雾区域的搜索策略，重点介绍了基于遗传算法和改进粒子群算法的火焰与烟雾区域搜索策略。对基于协方差算子稀疏表达的火焰与烟雾区域分类方法进行了探讨。对基于 HOFHOG 可视词袋和 RF 的火灾区域探测方法和基于稀疏表达和分类的火灾区域探测方法进行了比较分析。并对基于 AdaBoost 算法和支持向量机算法的火焰与烟雾分类方法进行了识别效率分析。

书中各章之间的理论分析和程序模块具有一定的相关性和独立性。本书在章节安排上考虑了一般图书的层次性、连贯性、系统性，同时也考虑了每个软件包开发的各种技术的组合性、全面性和集成性。各章节中的许多技术是交叉引用的，书中各章既可以独立阅读和实验，也可相互贯通地理解和实践。本书着重于实践性、实用性和源码表现。通过源码理解图像模式识别的概念比通过模拟软件仿真理解其概念更加透彻而深入，并且源码级上的理论修正和提升才是算法和应用提升的本源。本书以讲解实际工程项目设计实例的方式介绍了基于稀疏表达的图像模式识别的理论和相关的程序设计技巧。

本书可作为高等学校学生和工程软件人员的基于稀疏表达的图像模式识别研究及相关应用课程的参考资料和自学用书，书中的例子全部通过 Delphi 7 验证实现，随书所附光盘提供所介绍的所有算法和图像处理方法及系统构建的完整源程序，编程和运行所需资源、素材和控件。这些软件包及其中的源程序段可不加修改或稍加修改就能应用于非商业开发的图像处理和图像识别软件技术研究和相关工程软件包的设计中。

由于作者水平有限和研究总结的时间限制，书中介绍的相关算法、软件包及源程序还有许多功能需要进一步完善和改进，如有错误和可商讨的地方，敬请读者提出宝贵意见和建议。作者的 Email 地址为:jxg_2@tom.com。

作　者

2017 年 6 月

目 录

第1章 引 论

1.1 概述

基于视频图像的火焰和烟雾区域分类技术是火灾探测的主要研究方向。在广阔复杂的野外环境和视野遮挡严重的室内空间，仅仅依靠人力和传统火灾报警系统的监测是不能得到实时准确的判断结果的。基于视频图像技术的火灾监控是利用计算机对火焰和烟雾区域图像进行处理分析，检测监控区域是否发生火灾并作出警报决策的智能系统。视频类火灾探测系统的运行性能依赖于良好的特征提取与分类集成，这类探测系统较感烟、感光及感温型火灾监测系统具备低成本及实惠的特点，而且具有自动化、高准确率及低误判率的特点。

在科学技术迅猛发展的时代，国外各大科研机构及公司的火灾监测技术也相应迅速发展，采用各种识别模式的火灾监测器已大量出现并在不断地改进和完善，其中基于图像处理的火灾监控系统的研制是主要的发展方向之一。如 ECP 公司根据计算机视觉及图像模式识别的理论而研发的森林火灾监控系统，通过图像模式识别算法能够对 4 km 以外的森林火灾实时地进行识别并发出报警信号。Bosque 公司研发的利用红外线及普通摄像机的双波段监控的 BSDS 系统，在精确识别野外林火的同时，还能有效地区别其他干扰现象，系统识别的准确率较高。在大空间的工场火灾监测方面有 ISL 和 Magnox Electric 公司联合研发的 VSD-8 系统。该系统用于电站的火灾监测，能够用于对电站内的火灾进行实时监控，其核心模块是包含视频运动检测算法的软件，该系统采用了各种滤波器技术，同时与人工智能技术相结合，在电站火灾监测中得到了广泛应用。美国 NIST 的 Gross handler 等人进行了对隧道中烟雾视频的探测研究并提出了利用烟雾出现后的图像对比度的变化作为特征判别和分析的依据，这种探测方法的运行速度快且具有非常强的抗干扰性。日本公共高速公路公司的 Noda 通过研究隧道中正常交通运行状态与出现火焰和烟雾时的视频图像在直方图上的差异性，由火焰和烟雾存在时的监控画面图像的直方图的高亮度区域显著增加的特性而对火灾进行精确预报。

佛罗里达中心大学的沃尔特等人在 2002 年对火焰的颜色特性及其运动特性进行了专项研究分析，提出基于颜色特性及其运动特性的火焰识别方法。他们使用高斯平滑滤波处理后获取图像的直方图并由此寻找符合火灾颜色的像素点，然后利用图像腐蚀及区域填充方法对其进行修补，最后结合整体的运动特征对火灾进行识别。

德国杜伊斯堡大学王大川博士参考了沃尔特教授的研究结果，利用当时欧洲最高级的杜伊斯堡大学火灾实验室对基于视频图像的火灾探测的原理做了进一步研究，并在火焰区域的分类识别算法上有所创新，使得视频火焰图像探测技术具备了工程实施的应用条件。

国内在基于图像处理的火灾监测技术上同样进行了深入和富有成效的研究，其中包括西安交通大学、上海交通大学均对视频类监测技术进行了积极研究，并同时在实际工程实践中提出了一些有价值的算法和技术。由西安交通大学图像处理与识别研究所研发的自动火灾监控系统，其运用了 950~2 000 nm 波段的红外 CCD 传感器，当且仅当红外辐射处于该波段时才形成视频信号，而火灾火焰燃烧时的红外辐射主要在以上波段范围内变化，对于其他波长的红外干扰信号则被极大地甚至完全衰减。当火灾发生时，视频信号主要为火焰燃烧辐射时产生的高亮度信号，非常少量的红外辐射的干扰信号由于通常呈现为较为固定的图像模式，只要实施非常简单的分类方法就可获得较高的火焰的识别效率和识别精度。由中国科技大学火灾科学国家重点实验室研发的 LA-100 型双波段大空间早期火灾智能探测系统，在国内的一些单位得到了应用和推广。该系统利用人工神经网络技术对火灾中的火焰区域进行识别，通过在现场加装一定数量特制的感烟红外阵列器材或红外摄像机就可实现有效的火灾监控。

对疑似火焰图像的判断主要依据火焰的静态和动态视觉特征表现，其中搜索区域的颜色特征、频闪特征和结构变化特征是火焰表达的主要特征，而识别方法主要为阈值法、线性和非线性分类方法。

基于图像处理的火灾区域分割算法在国内外取得一定的研究进展。在图像处理及模式识别中，分割技术起着至关重要的作用，图像分割的好坏直接影响到其识别分类的结果。当前基于视频的森林火灾图像分割算法有多种，如背景差分法、帧差法等。背景差分法的主要思想是将当前帧火灾图像与其背景图像做减法操作来实现运动火灾区域的分割，但对于大空间森林环境下，由于运动干扰物体多样化，如光照环境变化或车灯晃动等都会被误以为发生火灾而造成误报。帧差法的主要思想是将前后两帧森林火灾图像做减法操作来提取运动火灾区域，但在森林火灾发生初期，火灾燃烧并不迅速，致使森林火灾图像相邻前后几帧图像差异不明显，故此时利用帧差法实现火焰区域的分割不能有效地达到目的。以上两种方法均需要两帧或多帧森林火灾图像，背景差分法的分割效果与背景图像的选取大有关系，因此存在极大的人为因素，而帧差法不适用于火灾发生初期时的火灾图像分割，因此采用单帧图像的分割方法能够有效克服以上不足。目前单帧图像分割算法有多种，主要包括边缘检测算法、区域生长算法、阈值分割算法等。然而这些方法在对森林火灾图像分割时基本上是对灰色火灾图像进行的，过早地丢失了火灾图像的彩色信息，从而导致很难准确地将自然光等高亮干扰物体与火灾区别。因此基于彩色信息的火灾图像分割算法被学者进一步提出，不过这些算法大多数通过经验阈值实现，存在过多人为因素，如 W. B. Horng 等人在 HSI 彩色空间模型中，通过对 H、S、I 各分量分别采用经验阈值来提取分割森林火灾的疑似火焰区域。Tai-fang Lu 通过 HSI 颜色空间的 I 分量来对火焰区域与非火焰区域进行区分，当且仅当监控画面的背景亮度较低时，此分割算法才能取得较好的分割效果。Dengyi Zhang 等人对依据 HSV 彩色模型的火焰表达进行了分析，通过对 H、S、V 各分量分别采用经验阈值来分割提取火焰区域。然而经验阈值的选取需要通过对大量的火灾图像进行分割实验来获取，且森林火灾图像在摄取时因天气、时辰和环境等不断变化，经验阈值是随变化条件调整的值，若阈值的选取不恰当将不能有效地分割出火焰区域，这将致使后续的火焰区域特征提取和识别更加困难。

2010 年钟取发在论文中通过帧间差分法等方法分割提取出疑似火焰和烟雾的运动目标，然后分析和提取火焰和烟雾的颜色特征、闪烁频率特征和运动累积量特征等，最后结合 BP 神经网络对火焰和烟雾进行分级检测。同年，方维在研究和分析了多种分割方法后，结合维纳滤波等滤波算法和运动目标的特征，采取基于模糊 C 均值聚类成功地对火焰和烟雾区域进行了分割。2011 年，武汉大学的 Jianhui Zhao 等人在研究野外森林火灾图像的白、黄和红颜色比例，颜色期望值和颜色方差等颜色分布特征，并结合图像区域的灰度共生矩阵、熵、对比度和逆差矩等纹理特征，通过支持向量机的分类算法对野外森林火灾进行了成功的探测和识别。

基于图像和视频的火灾自动探测系统具备对火灾进行早期检测的能力，比较传统的火焰探测方法是用背景减法确定火焰的动态区域，如采用颜色直方图作为特征进行分析。同时考虑到火焰和非火焰区域像素的时序变化而确定火焰区域，此外也有考虑用火焰区域的增长算法而对动态火焰区域进行估计的分析方法。Y.Hakan Habiboglu 等探索了用协方差特征探测野外火灾的方法，其协方差特征的选择仍需进一步提炼。故本书着重研究了各协方差算子的选择和对火灾探测精度的影响。

火焰和烟雾的动态属性需通过对连续的视频帧进行分析，利用图像处理的方式分析视频中物体的动态变化，根据特定的变化规律分离提取出待进一步检测的疑似火焰或者烟雾区域。对视频中单帧图像中火焰和烟雾区域的处理和分析，常常使用颜色灰度等特征，利用阈值分割、聚类分割等方法，从这样的角度上将图像进行分割，从而提取出待进一步检测区域。无论是采用何种方式进行待检测区域的提取，在提取出初步的待检测区域后，都将首先对提取出来的区域进行去噪，消除孤岛和缝隙，丢弃较小的轮廓。然后对得到的区域进行修复和填充，使之成为一个连通区域，这个连通区域就是提取出来的火焰或者烟雾疑似区域。接下来就是对疑似区域进行分析，提取出各种相关图像特征。最后就是使用合适的识别算法，对这些特征进行分析从而识别出待检测图像是否为火灾图像。

烟雾图像不具有火灾火焰那样明显的亮度及颜色特征，且易受外界气流的影响，因此它的轮廓及移动方向会有很大的不确定性。火焰特征比烟雾特征更加显著和稳定，而野外的山中雾气和山中烟雾的特征区别很小，烟雾是火灾发生的初级阶段现象，所以对烟雾检测具有重要意义。

2000 年，Kopilovic 运用光流速度场统计分析烟雾运动的不规律性来识别烟雾。2005 年，B.Ugur Toreyin 认为烟雾的半透明性、轮廓的凸形度及其边缘周期性的闪烁等特征都是烟雾检测的重要线索。

2008 年，袁非牛提出了在每个分割块上统计分析区域的运动累积量和主运动方向来进行火灾烟雾识别。2012 年，高彦飞采用空间区域生长和模糊推理相结合的方法实现视频烟雾检测。西南交通大学的陈俊周利用小波提取烟雾区域的高频信息分析其模糊性，采用三层小波变换提取烟雾特征并用 SVM 方法进行高效率的识别。2014 年，一些中国学者在 RGB 通道和 HSI 通道上有效分割出疑似烟雾区域，并在灰度空间提取出疑似烟雾区域的高频和低频区域，使用光流等组合特征的稀疏字典和稀疏分解表达分类算法跟踪识别火灾和烟雾区域。

1.2 火焰和烟雾区域的特征定义和变换方法

1.2.1 火焰和烟雾的颜色特征

1989 年，Cappellini 提出了基于彩色视频图像的颜色特征来对火焰区域进行识别的构想。基于颜色阈值火焰探测方法是最简单和直观的火焰探测方法。首先对摄取森林火灾图像进行预处理及兴趣定位，然后通过大量实验得出火焰在 RGB 及 HSI 颜色空间中各分量间的关系，在得出颜色判断阈值的基础上进一步判断火灾发生的可能性，但要实现疑似火焰区域的精确定位比较困难，加上通过实验得出的判断阈值误差较大，因此其识别结果误判率较高。对火焰和烟雾的奇异特征进行选择提取并以此为基础将提高对火焰和烟雾区域的搜索和分类识别效率。森林火灾图像颜色特征的选择将影响到最终的监测分类结果。

如图 1.1 所示是包含野外火焰的图像以及在部分颜色分量上的特征图。RGB 彩色空间各分量都是线性相关的，特别是在自然环境下拍摄的森林图像整体偏白，每一点的红、绿、蓝成分无大差异，因此不适宜作为彩色特征进行分割和配准，而实验中采用的颜色特征一般为 HSL 和 HSV 彩色空间的各分量，这是由于这些彩色空间的颜色特征和区别更适应于人类对颜色的反映和感知。图 1.1 的第一排图像的火焰在饱和度 S 分量空间具备一定的与其他类型区域的可区分性。而图 1.1 的第二排图像的火焰在饱和度 S 分量空间基本不具备奇异性，火焰的 S 分量与泛白的天空和黑白变化强烈的铁栅栏区域的 S 分量几乎相同，特别是天空、树丛尖部和栅栏等光亮度比差比较大的区域的 S 分量又与森林火焰的 S 分量比较接近，故不宜采用 HSL 空间的各分量作为野外森林火焰识别的彩色特征。在自然状态下泛白图片中饱和度突变区域存在的渐变性必然包含与火焰或者烟雾类似的特征量度，当火焰区域的特征界线变得更加明显时只能借助于其他彩色空间的变换或者映射出自适应调节的空间，或者借助于反映整体特性的稀疏表达等的分类方法。

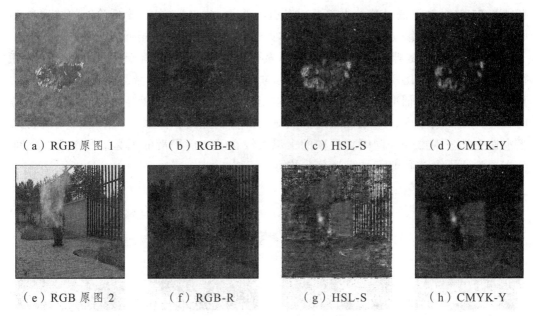

|（a）RGB 原图 1|（b）RGB-R|（c）HSL-S|（d）CMYK-Y|
|（e）RGB 原图 2|（f）RGB-R|（g）HSL-S|（h）CMYK-Y|

图 1.1　野外火焰及部分颜色分量特征图

在彩色打印机将彩色打印输出时，一般使用的是 CMYK 彩色空间，这是一个减性彩色空间，它的四个分量包括减性基色蓝绿色、品红色、黄色和附加黑色。品红色和黄色的分布基本上反映了火焰区域的彩色特征，附加黑色的取反就突出了火焰的亮度特征。对于一幅森林图像来说，蓝绿色分量 C 没有较好地反映森林火焰跟其他区域的区别而不被采用为颜色特征之一，而品红色 M 和黄色 Y 的分布正是森林火焰唯一的特征，其他区域几乎为零，附加黑色 K 反映了火焰区域和其他除天空以外的区域的亮度上的区别。如图 1.1 所示的第一排和第二排的 Y 分量图完全表达出火焰区域的差异性，故采用 CMYK 彩色空间中的 M、Y、K 分量作为森林火焰识别的颜色特征为优选系列，通过采用 CMYK 颜色空间更能描述火焰的特异性。

1.2.2　基于纹理和轮廓特征的火焰和烟雾识别

1993 年，Healey 决定根据颜色特征提取彩色视频图像中的火焰轮廓。1996 年，任教于美国 Florida 大学的 Simon 根据火灾视频图像的亮度信息检测火灾，实验效果取决于环境是否明亮。1999 年，Yamagishi 等将实验中采用的传统 RGB 通道模型改为 HSI 通道模型，在该模型各通道下分割出火焰区域并提取出火焰的大致轮廓外形。

2000 年，W. Phillips 统计了火焰区域各通道的分布值范围，再据此对新的火焰区域进行识别，该方法对火焰区域的分类效率比较低。2006 年，袁非牛发现视觉上火焰的轮廓变化速度快于刚性物体。为了获得图像的边缘特征，需要对图像在 x、y 两个方向求导，基于热扩散方程的各向异性扩散算法将在保持边缘不变的情况下使同质区域得到平滑。2011 年，一些学者结合灰度共生矩阵、均值、熵、对比度及逆差矩等纹理特征和 SVM 分类算法对森林火灾进行识别。通过 M、Y、K 的三个低阶矩的纹理和空间分布等特性的计算也可以有效区分森林火焰和其他区域颜色相近的区域。

如图 1.2 所示是野外火焰和烟雾图像及部分边缘特征图，由于火焰的跳跃特性使得区域的边缘值都比较大，而烟雾微粒的均匀慢速飘动使得区域的边缘值都比较小，背景区域的边缘特征取决于背景物体的本身轮廓复杂性和亮度对比性。在图 1.2(d) 的各向异性扩散图中，火焰区域的强烈对比性得到保留和加强，而烟雾区域纹理的平滑性更加显现出来。同时，粗糙的火焰边缘在下，而平滑的烟雾边缘在上的空间分布更验证了火焰和烟雾是客观存在的。

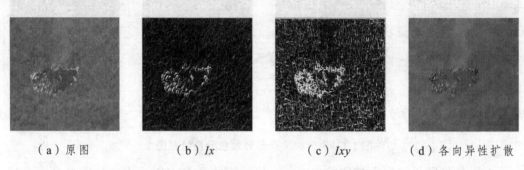

（a）原图　　　　　（b）Ix　　　　　（c）Ixy　　　　（d）各向异性扩散

图 1.2　野外火焰和烟雾图像及部分边缘特征图

1.2.3　火焰和烟雾的动态特征

2016 年一些学者研究了火焰的振荡特性，并使用帧差法成功提取出火焰区域。火焰和烟雾的动态特征主要涉及其在时域上的变化属性。在时间序列上的火焰和烟雾区域，时空块具备明显的向上运动属性，描述这种运动趋势的方法包括帧间差分、向上运动比率 UMR（Up Motion Ratio）和光流直方图。光流模型是利用图像序列中像素在时间域上的变化以及相邻帧之间的相关性而获得，光流场是运动场在二维图像平面上的投影。通过对序列图片中每个像素的运动速度和运动方向的动态描述就是光流场，实验中经常采用的光流场计算方法是 Hom-Schunck 光流算法。如以区域的中心为圆心将该区域划分为 12 个等分扇区，各圆弧区段光流矢量的累积分布就是光流直方图。如用仿 HSV 彩色模型表示的光流分布，随着分扇区序号的增加，以红→黄→绿→蓝→红颜色表示光流的方位变化。显然火焰和烟雾的光流分布主要在第 1~7 和第 12 圆弧区段，行走的人和刚体运动区域的光流分布主要在第 1、12 或第 6、7 圆弧区段，无运动的背景区域的光流直方图在各分扇区和总体模量上基本上为零。如图 1.3 所示是包含运动人体、火焰和烟雾的室外图像的部分动态特征分量图。图 1.3（b）的帧间差分图的值表示像素点的运动变化值，无法表示像素粒子的运动方向。图 1.3（c）是在 HSL 的通道 L 上的光流仿真图，它表明运动人体各部分区域的运动方向是多向变化的，腿部和头部是上下运动多，而躯干部分是平移运动多，总体综合是平移方向的光流模量多。火焰和烟雾区域的运动方向是比较平滑分布的，总体综合基本上是向上方向的光流模量多且平滑均匀分布，无运动的背景区域的光流模量基本上为零。图 1.3（d）是在 HSV 的通道 S 上的光流仿真图，它表明只有火焰区域的光流模量较多，且火焰区域的运动方向表现为向上的仿真黄颜色。将火焰和烟雾的动态属性与颜色、纹理和其他统计属性相结合，就可有效地将它们从静态背景和运动刚体中分离出来。

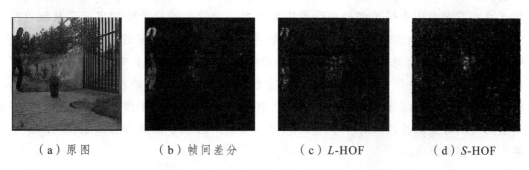

| （a）原图 | （b）帧间差分 | （c）L-HOF | （d）S-HOF |

图 1.3　室外火焰图像及部分动态特征分量图

1.2.4　火焰和烟雾特征的稀疏表达

对视频图像中火焰和烟雾区域的特征进行融合是高效准确的火灾探测系统的保障。常用的图像型火焰探测算法是提取火焰在图像上表现的单个特征信息或者这些信息的组合作为分类识别的分析数据，需要大量的训练样本进行学习与参数优化，但火灾图像具有复杂性和多变性，火灾图像中的许多单个特征难以提取并用精确的数学公式描述，容易造成算法相对复杂和误判率高等缺陷。将包括所有精炼样本的特征矩阵作为分类的参照模板为高效准确的火灾探测提供了基础。

西北工业大学马宗方在"基于颜色模型和稀疏表达的图像型火焰探测"一文中实现了用稀疏表达的火焰探测方法。稀疏表达使信号能量只集中在较少的原子，具有非零系数的原子揭示了信号的主要特征与内在结构，稀疏表达分类的核心思想是将待测试信号描述为字典中原子的稀疏线性组合并由此寻找出信号的稀疏解。

1.3　火焰和烟雾区域的分类方法

1.3.1　基于统计学的火焰和烟雾区域分类方法

目前用于森林火灾识别的算法主要有直接颜色阈值法和基于线性和非线性分类的方法。这主要包括模板匹配识别法、基于贝叶斯识别法和基于 AdaBoost 的识别方法。而人工神经网络是一种以其抗噪声、自适应、自学习能力强、融合预处理和识别于一体、识别速度快等特点而受到人们青睐的识别方法。

国内外的许多学者在火焰和烟雾的融合特征提取与分类算法的研究上取得了很大的进步。B. Ugur Toreyin 提出使用隐马尔可夫模型构造火焰模型实现火灾的探测，但是初级的模型构造需要较多的时间。Y. Hakan Habiboglu 等探索了用协方差特征和机器学习的方法探测野外火灾探测技术，但其协方差特征的选择和处理技术仍然需要进一步的提炼。胡燕等提出在RGB空间建立颜色模型对连续数帧火灾图像预处理，并利用帧闪特性和模糊聚类分析提取疑似目标区域，根据独立成分分析方法进行线性变换，估计出基函数描述火焰图像特征，最后用支持向量机模型实现对火灾的探测。另一方面由于火焰颜色的可变性需要选择一个合理的彩色模型来定义其颜色特征，RGB、YUV、CIE Lab、HSV、HSI颜色特征都被成功地应用于火焰的探测方法中。Miranda将特征选择应用于火焰探测获得了较好的效果。王文豪等人于2014年在颜色特征、运动特征和形状特征的基础上使用基于AdaBoost的神经网络进行识别，判断场景中是否有烟雾出现。刘颖等人于2014年提出一种基于潜在语义特征和支持向量机的烟雾探测算法。王琳等人于2014年提出一种基于烟雾多特征融合的图像早期火灾烟雾探测方法。

1.3.2 基于稀疏表达的火焰和烟雾区域的分类方法

2009年，J.Wright提出将训练集作为一个整体，寻找测试样本在训练集上的稀疏表达，并利用稀疏重构误差表达进行分类识别。火焰稀疏表达分类（Sparse Representation Classification）的出发点就是利用火焰的整体融合特征，将送检火焰区域形态表示为其他已训练火焰形态的线性组合，稀疏向量中非零系数所对应的样本类别即为训练样本中的类别。待检图像区域特征在新空间中为训练样本的稀疏线性组合，那些最大或较大系数对应的训练样本的类别就是这个待检区域的类别。考虑到分类效率，利用主成分分析方法构造火焰和疑似火焰区域的稀疏表达的特征字典，并利用l_1-minimiation计算出测试样本与训练样本的最小残差以实现火焰和疑似火焰区域的分类。

针对图像稀疏分解的计算时间复杂度非常高的问题，西南交通大学的李恒建提出分块自适应图像分解算法，根据计算量和存储量与图像尺寸的关系，将大尺寸的图像转化为比较小的图像块。依据稀疏分解计算时间的复杂度与待分解图像大小之间的关系，把待分解图像分成互不相叠的小块，然后根据每个小块图像的复杂程度自适应地决定稀疏分解过程的结束。按照匹配算法的要求，需要计算图像与过完备库中所有的原子内积，一次内积需要图像块尺寸大小的$M \times N$的乘法，然后将内积最大的原子作为此次匹配的结果，如果将一个大的图像块分解为小的图像块，随着图像尺寸的减小，原子库的规模将大幅度降低，相对应的搜索最佳匹配原子的范围也大幅度降低，这样就可达到减少图像稀疏分解的计算复杂度的要求。这种方法在稀疏分解重建的图像质量下降2%的情况下可将计算速度提高15倍，就有效地减小图像稀疏分解的计算的复杂度和空间复杂度，如采用遗传算法搜索出最佳原子，它在本质上是用局部最优代替全局最优，从而实现图像在过完备原子库上的分解，同样保留了分块自适应算法的正确性和快速高效性。

燕山大学的史陪陪等考虑单一字典不能包含多种结构成分的复杂图像，提出基于三层稀疏表示的图像修复算法，利用离散平稳小波（图像的光滑稳定部分）、曲波（图像的边缘部分，各向异性尺度关系）和波原子（图像的纹理部分，比 Gabor 和 Curvelet 更能稀疏表达的纹理）稀疏来表示图像的光滑、边缘和纹理部分，采用块坐标松弛算法分解对应的稀疏优化问题实行图像的修复，实现图像的卡通部分和纹理部分的同时兼顾。用所选 3 个字典对任意图像 X 进行三层稀疏表示，并且保证三个变换系数最稀疏，实现描述问题的优化。对于 l_1 极优凸化问题可利用基追踪算法进行求解，将带约束的优化问题转化为不带约束的优化问题，并对光滑和边缘部分进行全变差调整。

如图 1.4 所示是对火焰和烟雾区域的稀疏表达和分类的示意图，整个稀疏字典由最初选择的火焰、烟雾和背景各 30 个样本组成，过完备字典的构建可以直接采用样本特征矢量为字典的一列原子，也可用 K-SVD 的方法训练出更精炼的稀疏过完备字典。由图 1.4(b)可知，基于过完备字典对火焰区域的稀疏分解系数主要集中在 1~30 列原子对应的第 15 列附近。图 1.4(c)表明，对烟雾区域的稀疏分解系数主要集中在 30~60 列原子对应的第 48 列附近，而背景类型的测试样本与样本库中第 77 列的样本特征矢量或第 77 个列原子所表达的特征矢量最为相似。

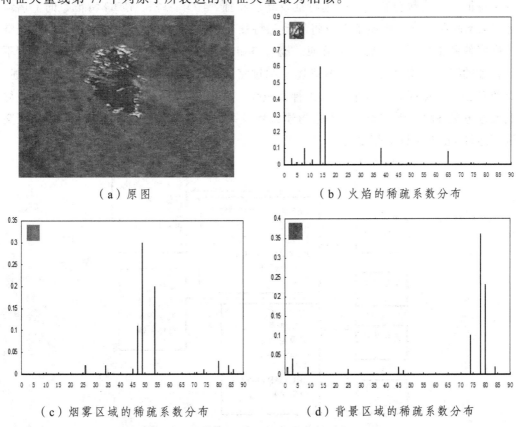

（a）原图 　　　　　　　　　　（b）火焰的稀疏系数分布

（c）烟雾区域的稀疏系数分布 　　　　　（d）背景区域的稀疏系数分布

图 1.4　火焰和烟雾区域的稀疏表达和分类

基于图像和视频的火灾自动探测对火灾的早期检测具有至关重要的作用，目前使用的比较传统的火焰探测方法是用背景减法确定火和烟雾的动态区域并对火焰颜色分析得到火焰区域。如采用颜色直方图用作特征分析，同时考虑到火焰和非火焰区域像素的时序变化确定火焰区域，此外也有考虑用火焰区域的增长算法对动态火焰区域进行估计的分析方法。Y. Hakan Habiboglu 等探索了用协方差特征探测野外火灾的方法，其协方差特征的选择仍需进一步提炼。

火焰和烟雾图像在获取的时候无可避免地会受到摄像环境的光照强度和烟雾等干扰因素的影响，所得图像一般都伴随着或多或少的噪声，或者包含和火焰区域与烟雾区域相似的背景物体。为了后续能够有效地对火焰与烟雾区域进行特征提取，并按特定的搜索策略进行火焰与烟雾区域的分类识别，输入的火焰和烟雾图像一般都需要先进行适当的预处理，以去除噪声和剔除跟火焰与烟雾区域相似的背景物，然后增强和分割疑似火焰与烟雾区域，直接排除不可能为火焰或烟雾的区域。良好的火焰与烟雾区域的分割算法，既能完全保留所有的火焰与烟雾区域，又能够尽可能地排除非火焰区域与非烟雾区域。

本研究项目对视频图像中的火焰与烟雾区域的探测采用如图 1.5 所示的流程，采用的特征主要为颜色特征、纹理特征、动态特征、HOF 特征、HOG 特征、向上运动比率 UMR 和协方差描述子等，将静动态特征通过 PCA 和 KPCA 方法变换到特征空间中将使各类特征的界线更加分明，通过 Relief 特征选择方法获得对分类精确度不同权重的特征优先序列，协方差描述子和过完备稀疏字典是对融合特征最佳的表述。分类方法主要采用模板匹配、人工神经网络、黎曼空间距离、AdaBoost、SVM、稀疏表达分类 SRC 等，稀疏字典的构建和稀疏系数的获取可采用匹配追踪 MP、正交匹配追踪 OMP 和同伦算法等。

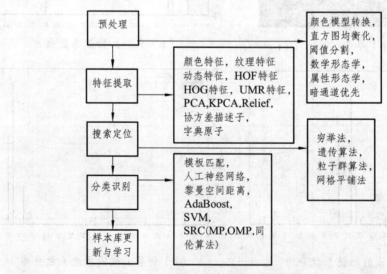

图 1.5　基于视频图像的火焰与烟雾区域探测流程

本书围绕火焰和烟雾的奇异特征定义与分类算法研究组织内容分为 5 个章节。

第 1 章引论部分主要阐述了课题研究的背景和意义，对基于数字视频图像处理的火焰和烟雾自动分类识别的研究现状和基本方法做出了介绍，主要介绍了基于数字视频图像处理的火焰和烟雾自动分类识别系统的研究意义，并详细叙述了国内外研究发展概况，包括火焰和烟雾的预处理，火焰和烟雾区域的静态和动态特征以及火焰和烟雾区域最终的分类识别，并阐述了围绕火焰和烟雾的奇异特征定义与分类算法研究的主要研究方法。

第 2 章研究火焰和烟雾图像的预处理方法，然后分别对火焰区域和烟雾区域进行了分割处理。火焰和烟雾的奇异特征和分类算法的研究，包括颜色模型转换、直方图均衡化等火焰和烟雾图像的预处理，双阈值分割法，形态学的开闭运算和区域填充等火焰和烟雾区域的分割和特征定义方法。

该章介绍了用协方差描述子构建火焰区域和烟雾区域的融合特征，探讨特征间的相互关联和对分类精度的影响。并通过 PCA 提取火焰和烟雾更适合识别的融合特征，然后通过 Relief 算法将火焰和烟雾的颜色和动态特征进行重要性排序，用光流直方图表达区域的运动特征，用暗通道先验理论表达烟雾区域的获取方法，研究火焰和烟雾的特征融合。通过 Relief、PCA 等特征选取方法选择适应火焰和烟雾探测的在不同彩色空间和变换空间下的各通道和运动分量的最佳分类特征顺序，将烟雾的凸形度特征、运动方向估计特征、运动累积量特征和暗通道先验理论特征融合在一起并加入火灾烟雾探测系统。

第 3 章研究基于统计理论的火焰和烟雾区域的分类方法。主要研究了基于贝叶斯决策的火焰分类方法，同时对 K 最近邻的火焰分类方法进行了研究。对基于类条件概率密度的火焰或烟雾移动区域的跟踪方法进行了实验和分析，通过固定模板的火焰或烟雾小区域在整个火焰或烟雾区域的跟踪移动属性分析火苗或烟雾区域的活动规律。在基于决策树的火焰和烟雾区域分类方法的研究基础上，将火焰和烟雾区域的分类提升到基于随机决策森林的分类处理上，使识别系统的分类精确度得到提升。同时研究了遗传算法的处理步骤和遗传算法中的参数优化方法，基于遗传算法的森林火灾自动识别的分类方法同时也是监控画面中火灾区域搜索策略涉及的主要方法。

第 4 章主要对火焰和烟雾的稀疏表达和分类算法进行了研究，主要研究稀疏表达的分类器在火焰和烟雾区域分类识别中的应用。通过基于压缩感知的图像重构的方法和实验比较叙述了图像稀疏表达基本理论，由此引出基于稀疏表达分类方法的火灾区域判断方法。同时详细介绍了基于 K-SVD 的过完备字典构成方法和对待测试样本的稀疏表达和分类方法。该章还详细地描述了如何构造多特征协方差描述子以及如何对疑似火焰区域和疑似烟雾区域进行稀疏表达，将光流直方图（Histogram of Optical Flow，HOF）和梯度直方图（Histogram of Orientation Gradient，HOG）构成HOFHOG 特征词袋，并用随机决策树的分类方法进行区域判断。最后还对火焰和烟雾的稀疏字典构造和稀疏分解表达进行了研究比较。涉及的稀疏表达的求解方法包括 LP 范数的正则化方法、匹配追踪（Matching Pursuit，MP）方法、正交匹配追踪（Orthogonal Matching Pursuit，OMP）方法和同伦（Homo Topy，HT）方法。

第 5 章主要研究探索不同特征对火焰区域和烟雾区域的准确表达程度，不同分类算法的正确识别火焰区域和烟雾区域的程度及其错误识别的程度。首先分析火焰和烟雾区域的搜索策略，简要介绍穷举法并分析其优缺点，然后探索基于遗传算法跟粒子群算法的火焰和烟雾区域搜索，并根据本文对火焰和烟雾图像的预处理情况提出了优化策略。最后介绍网格平铺法在火焰和烟雾区域搜索的应用并提出改进方法。对火焰和烟雾区域分类识别进行了对比实验。对比实验中涉及火焰和烟雾区域的颜色矩特征和协方差描述子两种特征，基于遗传算法的火焰和烟雾区域搜索策略，基于粒子群算法的火焰和烟雾区域搜索策略和基于网格平铺法的火焰和烟雾区域搜索策略等，以及火焰和烟雾区域的模板分类器、AdaBoost 算法、支持向量机和基于稀疏表达的分类器四种分类算法，通过不同特征和不同分类算法进行组合对比实验，探索不同特征对火焰区域和烟雾区域的准确表达程度，不同搜索策略在火焰和烟雾区域搜索的适用场景，不同分类算法对火焰和烟雾区域正确识别的程度及其误判的程度，并最后分别演示火焰和烟雾区域分类识别的比较实验结果。

火焰和烟雾区域探测系统的软件开发环境为 Delphi 7，主机采用 I7 CPU，内存为 8 G。火焰探测实验的相关视频数据选自于网站 http://signal.ee. bilkent.edu.tr/VisiFire/和来自森林火灾监控现场摄制的视频图像。

第 2 章　火焰与烟雾特征的定义、分析和提取

2.1　火焰和烟雾的颜色特征

火焰与烟雾图像的颜色特征以最直接的方式诠释图像中火焰区域、烟雾区域以及其他区域的视觉属性。颜色特征具备平移不变性，能够表达和描述不同位置的火焰区域和烟雾区域。火焰区域的颜色是偏红和饱和度比较大的区域，而烟雾区域呈现为红绿蓝各分量基本相等的灰白色区域。通过对图像中的像素颜色特征的变换将使火焰和烟雾区域具备与其他区域更多的差异性。

2.1.1　各颜色空间的特征变换

颜色模型通常是指由 3 个或 4 个能够对颜色进行表示和描述的颜色分量所组成的颜色空间。颜色空间模型包括 RGB 颜色模型、YC_bC_r 颜色模型、CMYK 颜色模型和 HSI 颜色模型等。

1. RGB 颜色模型

RGB 颜色模型是最常用的一种空间模型，也是软件和硬件实现上常采用的彩色表达模型。RGB 颜色模型是一种工业应用的颜色标准。在 RGB 这个颜色模型中，通过赋予 R、G、B 三个颜色通道的颜色值以不同的比例便可得到各种不同的颜色。RGB 颜色模型基本上包含所有人类本身所能感知的颜色，是目前最广泛使用的颜色模型之一。在这个颜色模型中显示火焰和烟雾图像的不同分量图如图 2.1 所示。在 RGB 这个颜色模型中，火焰区域与烟雾区域的真彩图和各分量图几乎都不能与天空、红黄色墙面或其他不同的区域区别开来，RGB 彩色空间各分量的相关性使火焰和烟雾区域与背景区域的具备较少的差异性。

（a）RGB 图　　　（b）R 分量图　　　（c）G 分量图　　　（d）B 分量图

图 2.1　火焰图像在 RGB 颜色模型中各通道的分量图

2. HSI 颜色模型

HSI 颜色模型是美国颜色学家孟塞尔在 1915 年提出来的，可以有效地反映人类视觉系统如何感知颜色的方式方法。在 HSI 这个颜色模型中，色调 H 分量、饱和度 S 分量和强度 I 分量三个颜色通道能够表示各种颜色。色调 H 分量与光的波长有关，它反映人类视觉对不同颜色的感觉，如火焰的红色和草地的绿色等。饱和度 S 分量表示颜色的纯度，饱和度越大则颜色越鲜艳，反之亦然。强度 I 分量则是图像的亮度或灰度，这个通道与彩色信息无关。所以 HSI 颜色模型比较适合用于颜色特性分析和检测。将火焰与烟雾图像转换到 HSI 颜色模型并提取相应的 3 个分量图可得到如图 2.2 所示的 H、S、I 三个分量图。在色调 H 分量图中，火焰区域与红黄色的墙面和地面几乎没有区别。在强度 I 分量图中，火焰、烟雾和较亮区域没有明显的区别，这给区域分割和特征定义带来许多模糊的边界。而在饱和度 S 分量图中，高饱和度的火焰区域虽然能和低饱和度的天空区域有明显的区别，但却不能与饱和度同样也比较高的绿草丛和栅格边缘区域区分开来，这是因为烟雾、天空和模糊地面区域的饱和度值具备较相似的偏低和偏暗的属性。

（a）H 分量图　　　　　　（b）S 分量图　　　　　　（c）I 分量图

图 2.2　图 2.1（a）在 HSI 颜色模型中各通道的分量图

3. CMYK 彩色模型

CMYK 颜色模型是应用于彩色打印机中的一种减性颜色空间，将图 2.1(a)的火焰与烟雾图像转换到 CMYK 颜色模型并提取相应的分量图，如图 2.3 所示。在青绿色 C 分量图中，无论是火焰和烟雾区域，还是天空、墙面和草地区域都呈现出偏暗的低值，因此火焰探测中不采用这个 C 分量。在洋红色 M 分量图 2.3(a)中，火焰区域较为明亮而具备较大差异性，区域中相应的 M 分量值通常大于 35，而烟雾区域和其他背景物体的这个变量都是偏小和偏暗的，非火焰区域相应的 M 分量值通常小于 20。在黄色 Y 分量图 2.3(b)中，火焰区域更为明亮，相应的 Y 分量值通常大于 75，而烟雾区域和其他物体区域也是偏暗的，相应的 Y 分量值通常小于 40。在黑色 K 分量图 2.3(c)中，火焰区域与天空区域都几乎接近黑色，而烟雾区域的这个分量偏小和偏暗，但不像火焰那样是纯黑色的。CMYK 颜色模型和 RGB 颜色模型的转换如公式（2-1）所示。

$$\begin{cases} MaxRGB = Max(R,G,B) \\ C = MaxRGB - R \\ M = MaxRGB - G \\ Y = MaxRGB - B \\ K = 255 - MaxRGB \end{cases} \qquad (2\text{-}1)$$

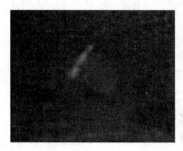 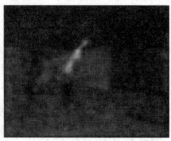 

（a）M 分量图　　　　　（b）Y 分量图　　　　　（c）K 分量图

图 2.3　图 2.1（a）在 CMYK 颜色模型中 MYK 通道的分量图

4. YC$_b$C$_r$ 颜色模型

YC$_b$C$_r$ 颜色模型是电视系统颜色模型中的一种，常用于优化彩色信号的输出，如图 2.4(a)所示说明 Y 分量图相当于一般的灰度化图像，视觉效果与 HSI 模型空间的 I 分量图基本相似，火焰区域和烟雾区域只是稍白一些。在如图 2.4(b) 所示蓝色色度 C_b 分量图中，火焰区域比较暗，其相应的 C_b 分量值通常小于 110，而烟雾和其他物体区域都因为包含蓝色都呈现中等程度的明亮，其相应的 C_b 分量值通常大于 115。在如图 2.4(c) 所示红色色度 C_r 分量图中，火焰区域较为明亮，相应的 C_r 分量值通常大于 145，而烟雾和其他物体区域都是偏暗的，相应的 C_r 分量值通常小于 130，黄红色的墙面由于包含红色而比除火焰以外区域要更亮一些。YC$_b$C$_r$ 颜色模型和 RGB 颜色模型的转换如公式（2-2）所示。

$$\begin{bmatrix} Y \\ C_b \\ C_r \end{bmatrix} = \begin{bmatrix} 0.299 & 0.587 & 0.144 \\ -0.169 & -0.331 & 0.500 \\ 0.500 & -0.419 & -0.081 \end{bmatrix} \begin{bmatrix} R \\ G \\ B \end{bmatrix} + \begin{bmatrix} 16 \\ 128 \\ 128 \end{bmatrix} \qquad (2\text{-}2)$$

（a）Y 分量图　　　　　（b）C_b 分量图　　　　　（c）C_r 分量图

图 2.4　图 2.1（a）在 YC$_b$C$_r$ 颜色模型中各通道的分量图

2.1.2 火焰和烟雾图像的基本颜色特征

火焰区域在颜色方面具有鲜明的特征，YC_bC_r空间的C_r、C_b分量和CMYK的M、Y分量已经能够很好地排除掉其他物体，包括天空等白色高亮物体，再结合能够表达颜色变化的颜色梯度和能够描述颜色统计属性的颜色矩等特征就能够保障更高的准确率。烟雾区域在颜色分布方面没有鲜明特征，但结合在CMYK的K分量和$YCbCr$的C_b、C_r分量后就可以排除天空白色高亮物体。

1. 火焰与烟雾图像的颜色直方图特征

火焰与烟雾图像的颜色直方图通常指火焰与烟雾图像在不同颜色模型下的各个分量图的分布直方图，利用各颜色分量的值构造的直方图，反映不同颜色分量在整幅彩色图像中的分布情况，而这些颜色分量直方图的加权中心更能反映各分量在图中的占比权重。随机抽取火焰、烟雾样本图像以及负样本图像各2幅，计算出这些样本的M、Y、K、C_b和C_r分量的颜色直方图的加权中心如表2.1所示。火焰样本图像的M和Y分量的颜色直方图的加权中心明显大于其他类型样本图像相应的值，而C_r和C_b分量的颜色直方图的加权中心则分别大于和小于其他样本图像。烟雾区域的这5个分量的颜色直方图的加权中心则基本上都分布在其他两个不同类型样本的中间。

表2.1 样本图像在不同颜色通道的颜色直方图的加权中心

颜色分量						
M分量	47.572 3	40.285 5	14.206 0	7.466 0	24.038 2	4.927 5
Y分量	76.341 6	71.770 8	30.341 0	10.478 4	44.848 0	3.371 9
K分量	106.647 4	101.573 3	115.148 1	119.503 9	120.837 2	92.938 3
C_b分量	108.382 1	108.178 2	119.012 3	127.577 2	115.284 0	129.297 8
C_r分量	150.699 8	147.964 5	134.749 3	125.521 0	140.057 1	126.067 9

2. 颜色在空域的偏导值

火焰区域与烟雾区域在有些颜色模型中因对比度较低而不易于分辨，通过转换可以得到适应人感知的模型。通过不同颜色模型的各个分量组合可清晰表示和描述火焰区域和烟雾区域的特异性。火焰区域与烟雾区域在颜色上除了能用基本的R、G、B分量表示外，还可以通过颜色模型的转换，采用CMYK中的C、M、Y、K分量或YC_bC_r中的Y、C_b、C_r分量来表示。这些原始的分量颜色值就算能够从表面上表达火焰区域或烟雾区域，却也容易被颜色相近的物体所干扰。红黄色的灯光会对火焰区域造成一定的影响，而白色明亮的天空则会对烟雾区域产生负面效果。考虑到有的物体虽然与火焰区域或烟雾区域颜色相似，但颜色值的变化层次却不尽相同，而这种变化正好可以体现在颜色的偏导数的不同。因此，我们还可以考虑使用颜色值的偏导数来表达火焰区域与烟雾区域。以红色色度C_r为例，公式（2-3）是红色色度

C_r 在 x 方向上的偏导数，公式（2-4）是红色色度 C_r 在 y 方向上的偏导数，公式（2-5）是红色色度 C_r 的梯度，公式（2-6）是红色色度 C_r 在 x 方向上的二阶偏导数，公式（2-7）是红色色度 C_r 在 y 方向的二阶偏导数。

$$Cr_x(x,y) = \left| \frac{\partial Cr(x,y)}{\partial x} \right| \tag{2-3}$$

$$Cr_y(x,y) = \left| \frac{\partial Cr(x,y)}{\partial y} \right| \tag{2-4}$$

$$Cr_{grad}(x,y) = \left| Cr_x(x,y) + Cr_y(x,y) \right| \tag{2-5}$$

$$Cr_{xx}(x,y) = \left| \frac{\partial^2 Cr(x,y)}{\partial x^2} \right| \tag{2-6}$$

$$Cr_{yy}(x,y) = \left| \frac{\partial^2 Cr(x,y)}{\partial y^2} \right| \tag{2-7}$$

3. 火焰与烟雾图像的颜色矩特征

颜色矩 Moments 通过计算矩来表达火焰区域和烟雾区域的颜色分布的描述特征。高阶颜色矩通常难以表达图像的颜色分布情况和计算复杂性，因此在火焰与烟雾区域特征选择中一般只选取前三阶颜色矩。一阶颜色矩表示和描述火焰与烟雾区域的平均颜色强度，这正是颜色直方图的加权中心。二阶颜色矩表示火焰与烟雾区域的颜色分量的方差。三阶颜色矩则表示火焰与烟雾区域的偏斜度。三个低阶颜色矩在选定的 $M \times N$ 窗口的定义如下：

$$\begin{cases} \mu_{ij} = \dfrac{1}{M \times N} \sum\limits_{m=i-\frac{N-1}{2}}^{i+\frac{N-1}{2}} \sum\limits_{n=j-\frac{M-1}{2}}^{j+\frac{M-1}{2}} p_{mn} \\[2mm] \sigma_{ij} = [\dfrac{1}{M \times N} \sum\limits_{m=i-\frac{N-1}{2}}^{i+\frac{N-1}{2}} \sum\limits_{n=j-\frac{M-1}{2}}^{j+\frac{M-1}{2}} (p_{mn} - u_{ij})^2]^{\frac{1}{2}} \\[2mm] s_{ij} = [\dfrac{1}{M \times N} \sum\limits_{m=i-\frac{N-1}{2}}^{i+\frac{N-1}{2}} \sum\limits_{n=j-\frac{M-1}{2}}^{j+\frac{M-1}{2}} |p_{mn} - u_{ij}|^3]^{\frac{1}{3}} \end{cases} \tag{2-8}$$

其中，p_{mn} 为像素颜色分量的概率值，μ_{ij}^M、σ_{ij}^M、$s_{ij}^M \in [0,255]$。在对火焰与烟雾图像的分割处理中得知，C_r 和 Y 分量能较好地分割出火焰区域，而 K、C_r 和 C_b 分量的结合则能较好地分割出烟雾区域。表 2.2 列出了样本图像在 M、Y、K、C_b 和 C_r 分量图中的三个低阶颜色矩的分布比较。除 K 分量以外的其他分量的二阶颜色矩的值以火焰正样本图像、烟雾正样本图像和火焰与烟雾负样本图像的顺序依次降低，说明火焰与烟雾区域在这些分量中视觉感知有明显的跳跃性。在单帧图像中对火焰与其他诸如红色墙面、红土地、红旗等的区别判断常依赖于颜色矩特征矢量。结合表 2.1

和表 2.2 的对比和分析，C_r、Y、C_b 分量的颜色特征更能表示和描述火焰区域，K、C_r、C_b 分量的颜色特征能更好地表示和描述烟雾区域。因此，在对火灾的探测中，采用的火焰区域和烟雾区域的颜色矩统计特征分别定义为：

$$Moments_{flame} = \{u_{Cr}, \sigma_{Cr}, s_{Cr}, u_Y, \sigma_Y, s_Y, u_{Cb}, \sigma_{Cb}, s_{Cb}\} \quad （2-9）$$

$$Moments_{smog} = \{u_K, \sigma_K, s_K, u_{Cr}, \sigma_{Cr}, s_{Cr}, u_{Cb}, \sigma_{Cb}, s_{Cb}\} \quad （2-10）$$

表 2.2 样本图像在不同颜色通道下的一、二、三阶颜色矩

颜色分量	颜色矩特征值						
M 分量	一阶矩	47.574 1	40.285 5	14.206 0	7.466 0	24.039 4	4.927 5
	二阶矩	30.320 4	25.188 4	11.408 4	7.215 4	4.962 9	5.815 9
	三阶矩	24.401 3	29.215 0	9.195 6	6.613 1	-2.656 6	6.450 0
Y 分量	一阶矩	76.342 6	71.770 8	30.341 0	10.478 4	44.848 0	3.371 9
	二阶矩	46.185 7	24.448 4	19.604 2	15.820 8	8.435 3	5.694 4
	三阶矩	32.214 9	36.747 6	11.039 3	18.584 1	-3.616 0	7.354 1
K 分量	一阶矩	106.647 4	101.573 3	115.148 1	119.503 9	120.837 2	92.938 3
	二阶矩	43.508 8	30.155 4	26.625 9	28.490 8	26.627 3	73.326 1
	三阶矩	30.323 3	-19.859 1	27.937 8	26.067 8	32.660 4	38.073 8
C_b 分量	一阶矩	108.381 9	108.178 2	119.012 3	127.577 2	115.284 0	129.297 8
	二阶矩	12.238 6	9.345 1	6.808 7	7.705 2	3.606 1	4.020 9
	三阶矩	-6.063 8	-10.023 8	1.979 7	-7.043 1	1.270 1	-2.732 7
C_r 分量	一阶矩	150.699 8	147.964 5	134.759 3	125.561 0	140.057 1	126.067 9
	二阶矩	14.770 2	11.822 3	6.236 4	6.837 2	2.052 5	3.081 7
	三阶矩	10.700 4	13.718 0	-2.530 9	5.761 9	-1.468 9	-1.689 8

2.1.3 基于暗通道优先的烟雾颜色特征选择

暗通道优先的思路是在图像范围内部取得几个较低值的点，这对应于背景中对比强烈的轮廓点，而取这些点的透射率较高的值为整个图像的透射率，这样那些透射率较低的含雾区域将在暗通道图像中消失，原始图像与暗通道图像的差就将显示出烟雾区域图像。考察户外含雾图像的一个搜索窗口范围内的所有像素，至少一个颜色通道具有很低的像素值，这些像素组成暗通道图像为：

$$J^{dark}(x) = \min_{c \in (r,g,b)} \left(\min_{y \in \Omega(x)} (J^c(y)) \right) \quad （2-11）$$

式中，$\Omega(x)$ 表示以点 x 为中心的正方形窗口区域，把 J^{dark} 称为图 J 的暗通道，其处理方法称为暗通道优先。暗通道优先描述了有雾区域的图像中的具对比物体像素点

的零星分布特性，它们在暗图像的正方形区域内取得一个较低的值，而其透射率取得一个较高的值，透射率图与含雾图像共同作用产生去雾图像时，正方形区域内这些具有较强对比的物体像素点将为一个较大的值，而真正的不具备较强对比的雾状点像素将取背景值而消失，含烟雾场景的图像描述如下：

$$I(x) = J(x)t(x) + A(1-t(x))$$ （2-12）

整幅图像的总体大气光强 A 通常由图像中的前 N 个最亮点的平均值获得，$t(x)$ 表示局部区域的透射率，它通过在 R、G、B 三个通道中对含雾图像进行最小值滤波获得：

$$t(x) = 1 - \omega \min_{c \in (r,g,b)} \left(\min_{y \in \Omega(x)} (I^c(y) / A^c) \right)$$ （2-13）

在式(2-13)中加入了一个调整因子 ω （0< ω <1）会使图像中的物体获得距离感而显得景像更真实，在得到含烟雾图像的光强 A 和透射率估计 $t(x)$ 后，场景图像的去烟雾图像由下式(2-14)得到：

$$J(x) = \frac{I(x) - A}{\max(t(x), t_0)} + A$$ （2-14）

设置一个透射率下限 t_0 是为了使少量的稀薄烟雾得以保留，使用含烟雾原图像 $I(x)$ 与去烟雾图像 $J(x)$ 微分而得到疑似含烟雾区域模型为 $P(x)$：

$$P(x) = I(x) - J(x)$$ （2-15）

烟雾区域的具体表达为：

$$P(x) = \frac{I(x)\max(t(x), t_0) - I(x) + A}{\max(t(x), t_0)} + A$$ （2-16）

如图 2.5 所示是在暗通道优先下烟雾区域的获取过程及颜色通道分布。暗通道图反映非薄雾区域的值较大，透射率图反映含薄雾的非平滑模糊区域具备较大的值，获得的烟雾区域图像 2.5(e)在色度上有较大区别，黑色区域对应于原天空及暗通道高值的区域，烟雾区域的色度 H 值处在 50~150，由此值判断准则而得到烟雾区域的二值图像如图 2.5(f)所示。

（a）原始图像　　　　　　（b）暗通道图　　　　　　（c）透射率图

（d）去雾图像　　　　　　（e）烟雾图像　　　　　　（f）烟雾二值图像

图 2.5　暗通道下烟雾区域的获取及颜色通道分布

2.2　火焰和烟雾区域增强和分割

2.2.1　基于直方图均衡化的火焰和烟雾图像增强

直方图拉伸跟直方图均衡化是两种最为常见的间接视频图像对比度增强方法。直方图拉伸是通过调整灰度值或一颜色通道分布的直方图以达到拉伸对比度的效果，使得前景目标和背景区域灰度差别拉大而达到对比度增强目的，这种方法能够采用线性跟非线性两种不同的方法来实现。直方图均衡化则通过颜色值累积函数调整图像灰度以获得图像对比度增强的效果。这种方法很多时候是用来增加图像局部而非整体的对比度，特别适用于当图像中感兴趣的前景目标与周围干扰背景的对比度相当接近的情况。同时，直方图均衡化使图像亮度或其他颜色分量在直方图上分布得更加均匀，这样便能够增强局部对比度并且不破坏整体对比度。

适用于火焰与烟雾图像增强的方法有多种，主要考虑从空域以直接处理火焰与烟雾图像中的像素而进行增强处理。较明亮的图像直方图通常分布于灰度级高的一侧，而较灰暗的图像，如对应于火焰区域和烟雾区域的 M 和 Y 分量图，像素点主要分布在直方图中较低的一侧。对应于低对比度的图像，如 C_r 和 C_b 分量图，火焰区域与烟雾区域主要像素都分布在直方图的中部且分布范围比较窄。图 2.6 中的四幅图像分别是图 2.1(a)的 M、Y、C_b、C_r 分量图的直方图。

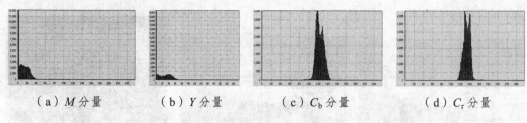

（a）M 分量　　　（b）Y 分量　　　（c）C_b 分量　　　（d）C_r 分量

图 2.6　图 2.1（a）的 M、Y、C_b、C_r 分量图的直方图

火焰与烟雾图像的直方图均衡化处理就是为了增加探测目标在全局上的对比度，以便更好地分割出火焰区域和烟雾区域。首先将火焰和烟雾实验图像的 M、Y、

C_b 和 C_r 分量图中的灰度 I 都归一为 $[0,1]$，用 $I=0$ 表示最小值黑色以及 $I=1$ 表示最大值白色。考虑用一个离散公式来表示：

$$I_0 = T(I), I \in [0, L] \tag{2-17}$$

其中，$L \in [0,1]$。在火焰与烟雾图像处理中，每一个原值输入的灰度 I 变换为一个新值输出灰度 I_0。为了保证输出的分量图能与输入的分量图通过同样的逆处理方式重构成一幅正常的灰度图像，要求 T 的新值输出 I_0 的取值范围与原值输入 I 保持一致，即 $T(I) \in [0,1]$。考虑到图像各分量图的灰度值是个随机变量，且其累积概率正好是单调增加的。因此，公式(2-17)的显式表达式通常为：

$$I_0 = T(I) = \sum_{k=0}^{I} \frac{N_k}{N} \tag{2-18}$$

火焰与烟雾图像的直方图均衡化的核心是对 M、Y、C_b 和 C_r 分量图的直方图进行非线性拉伸，使得由如 M 和 Y 分量图的直方图那样集中于低灰度区域，或如 C_b 和 C_r 分量图的直方图那样集中于中灰度区域的直方图转变成类似 K 分量图的直方图那样分布在全局范围的灰度直方图。直方图均衡化从概率论的角度来说就是把火焰与烟雾图像的分量图的直方图分布变成均匀分布的形式，从而扩大像素灰度的动态范围并达到增强火焰与烟雾图像全局对比度的效果。如图 2.7 所示的四幅图像分别是图 2.1(a) 的 M、Y、C_b 和 C_r 分量图经过直方图均衡化处理的结果图。

（a）M 分量　　　（b）Y 分量　　　（c）C_b 分量　　　（d）C_r 分量

图 2.7　图 2.1（a）的 M、Y、C_b 和 C_r 分量图经过直方图均衡化处理的结果

由直方图均衡化处理后得到的火焰与烟雾图像的 M、Y、C_r 分量图中，火焰区域的颜色值均大于 249，在 C_b 分量图中火焰区域的颜色值均小于 6，意味着在 C_b 分量图的反色图中火焰区域的颜色值也是大于 249 的，而烟雾区域在 C_b 分量图中的颜色值大于 80，在 C_r 分量图中的颜色值小于 165。图 2.8 中的四幅图像分别是图 2.7 中相对应四幅图像的直方图。

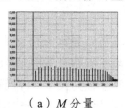 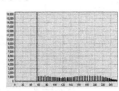 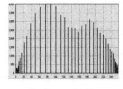 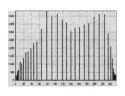

（a）M 分量　　　（b）Y 分量　　　（c）C_b 分量　　　（d）C_r 分量

图 2.8　图 2.7 中各分量对应的直方图

2.2.2　基于多颜色模型的火焰和烟雾区域的阈值分割

图像阈值分割法是常用的传统图像分割方法。这种分割法实现步骤很简单、计算量很小、性能比较稳定，已经成为数字图像分割中最基本和最广泛应用的数字图像分割技术。数字图像阈值分割算法尤其适用于目标区域和背景区域拥有不同灰度取值范围图像。它除了能够极大地压缩图像信息量，还可以很好地简化数字图像分析和处理操作步骤，因此在许多现实情况下，它是进行图像特征提取与分类识别之前非常重要甚至不可缺少的图像预处理步骤。

图像阈值分割的思想就是要按照灰度等级对不同灰度取值范围的像素进行一个划分聚类，所得到的每个像素分割子集就可以构造出一个火焰区域和烟雾区域，它是与所处环境背景相对应并相互区别开来的区域，火焰区域、烟雾区域和背景区域的内部都具备相似属性。在 CMYK 颜色空间中，采用改进的一维、二维最大类间差值分割法、改进的双峰分割法及改进 Mean-shift 双峰分割法等实现疑似火焰区域的定位，并将多种分割算法进行对比分析能够得到最佳分割方法。

经过直方图均衡化处理的火焰与烟雾的分量图的对比度明显得到改善，通过反复实验，C_r 分量图对火焰区域的分割最有效。C_b 分量图对火焰区域的分割效果仅次于 C_r 分量图却与 C_r 分量图的分割结果有相同位置的空洞。Y 分量图对火焰区域分割的效果虽然不如 C_b 分量图，却正好可以与 C_r 分量图的分割结果互补。图 2.9(a)是 C_r 分量图在直方图均衡化处理后基于阈值[252，255]分割而成的结果，图 2.9(b)是 Y 分量图在直方图均衡化处理后基于阈值[251，255]分割而成的结果，图 2.9(c)是图 2.9(a)和图 2.9(b)由同为白色 $C_r = Y = 255$ 才输出白色的"与操作"融合而成。

（a）在 C_r 分量中的分割　　　（b）在 Y 分量中的分割　　　（c）（a）和（b）的融合

图 2.9　C_r、Y 分量图对火焰区域的分割结果

2.2.3　基于均值聚类的火焰和烟雾区域的分割

在 RGB 或者 HSV 颜色空间的均值聚类分割，可将火焰区域与背景区域有效地分割开来。为了去除图像中噪声像素的影响，把图像中颜色或者动态特征属性比较相近的信息在规定范围内聚到一起而表现为块状区域图像的处理过程为图像的均值聚类处理。K 均值算法是一种基于划分的聚类算法，它的思想就是使得被划分到同一簇的对象之间相似度最大，而不同簇之间的相似度最小。颜色聚类分割的同时也

起到了一定的区域平滑作用。如图 2.10 所示是采用不同聚类数在不同颜色空间的用均值聚类方法对火焰图像的分割效果。由于在 HSV 颜色空间更能表现火焰的颜色特征，在火焰这个空间的均值聚类结果也更能反映火焰区域的原状。均值聚类中的变量可以是各颜色空间的变量，也可以是其他静动态特征，在可视词袋的构建等算法中也将借用均值聚类方法。

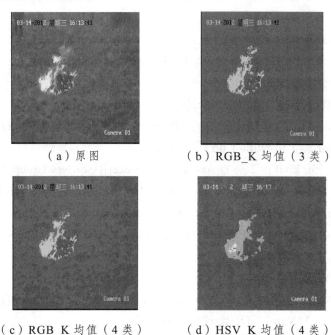

（a）原图　　　　　　（b）RGB_K 均值（3 类）

（c）RGB_K 均值（4 类）　　（d）HSV_K 均值（4 类）

图 2.10　均值聚类方法对火焰区域的分割结果图

基于颜色 R、G 和 B 分量对火焰区域进行均值聚类分割的程序如下：

```
procedure TMDIChild.RGB_KMeansClick(Sender: TObject);
var   //基于颜色 R、G、B 分量的均值聚类分割算法的程序段
Found: Boolean; p: pByteArray; GroupRGB: array of array of integer;
Bmp: TBitmap; g,i,k,x,y,MinGroupNum,IteriationTime,Num: integer;
GroupCount,OldGroup,NewGroup,Distance: array of integer;
Begin    self.DoubleBuffered := true;//设置双缓冲
Bmp := Tbitmap.Create;   Bmp.Assign(BloodImage.Picture.Bitmap);
Bmp.PixelFormat:=pf24bit;         Num:=StrToInt(ClusterNumEdit.Text);
SetLength(GroupCount,Num);     SetLength(OldGroup,3*Num);
SetLength(NewGroup,3*Num);     SetLength(GroupRGB,Num,3);
SetLength(Distance,Num);
for i:=0 to Num-1 do
begin //设置初始的颜色中心
    GroupCount[i]:=1;     for k:=i*3 to i*3+2 do NewGroup[k]:=240-i*100;
```

```
end;
IteriationTime:=0;    Found:=False;
while (not Found) do      begin
inc(IteriationTime);
    for k:=0 to 3*Num-1 do OldGroup[k]:=NewGroup[k];
    for i:=0 to Num-1 do
    begin    GroupCount[i]:=1; for k:=0 to 2 do GroupRGB[i,k]:=1;    end;
    for y:=0 to Bmp.Height-1 do      begin    p:=Bmp.ScanLine[y];
        for x:=0 to Bmp.Width-1 do            begin
      for k:=0 to Num-1 do Distance[k]:=0; MinGroupNum:=0;
        for k:=0 to 2 do Distance[0]:=Distance[0]+sqr(NewGroup[k]-p[3*x+k]);
            for i:=1 to Num-1 do            begin
                for k:=0 to 2 do Distance[i]:=Distance[i]+sqr(NewGroup[3*i+k]-p[3*x+k]);
                    if   Distance[i]<Distance[MinGroupNum] then MinGroupNum:=i;
                end;    Inc(GroupCount[MinGroupNum]);
    for k:=0 to 2 do GroupRGB[MinGroupNum,k]:=GroupRGB[MinGroupNum,k]+p[3*x+k];
            end;      end;
        for i:=0 to Num-1 do      for k:=0 to 2 do
            NewGroup[i*3+k]:=Trunc(GroupRGB[i,k]/GroupCount[i]);
        for k:=0 to 3*Num-1 do//比较新旧群中心
        begin    if (NewGroup[k]<>OldGroup[k]) then Break;
            if k=3*Num-1 then Found:=True;
        end;//显示迭代次数
        IteriationTimeEdit.Text:=IntToStr(IteriationTime);
end;
for y:=0 to Bmp.Height-1 do begin p:=Bmp.ScanLine[y];
    for x:=0 to Bmp.Width-1 do begin //比较每点对新中心的距离
        for k:=0 to Num-1 do Distance[k]:=0; MinGroupNum:=0;//计算类间距离
            for k:=0 to 2 do Distance[0]:=Distance[0]+sqr(NewGroup[k]-p[3*x+k]);
                for i:=1 to Num-1 do
            begin //得到新的聚类中心的各通道变量（红、绿、蓝）
                for k:=0 to 2 do Distance[i]:=Distance[i]+sqr(NewGroup[3*i+k]- p[3*x+k]);
                    if   Distance[i]<Distance[MinGroupNum] then MinGroupNum:=i;
            end;
            for k:=0 to 2 do //按新的分类中心颜色进行重绘
            begin    p[3*x+k]:=NewGroup[MinGroupNum*3+k]; end;
                end;    end;
```

MonitorImage.Picture.Bitmap.Assign(Bmp); bmp.Free;

end;

2.2.4 基于形态学的火焰和烟雾图像增强

数学形态学是一门由 Serra 和 Matheron 两人共同奠定理论基础并于 1964 年建立在格论及拓扑学基础上的数字图像分析处理学科。这正是数学形态学视频图像处理的基础理论。数学形态学经历了 60 年代的形成孕育期、70 年代的发展充实期、80 年代的对外开放成熟期和 90 年代至今的深入扩展期，最终形成了的运算除了最基本的二值腐蚀（Erosion）、二值膨胀（Dilation）、二值开运算（Opening）和二值闭运算（Closing）以外，还有骨架抽取（Skeletons）、边界提取（Boundary Extraction）、连通分量的提取（Extraction of Connected Components）、凸壳（Convex Hull）、细化（Thinning）和粗化（Thickening）等高级数学形态学处理。在二值形态学的基础上又形成了灰度开闭运算等的灰度形态学。

形态学可以从火焰与烟雾图像中提取对于表达和描绘火焰区域和烟雾区域有用的图像分量。设 $I_o(x, y)$ 是火焰与烟雾图像函数，$S(x, y)$ 是火焰与烟雾区域结构元素函数，代表以 (x, y) 为中心的模板，相应形态学的膨胀定义为：

$$I_o = (I + S)(x, y) = \begin{cases} 255, & I \bigcap S(x, y) \neq \varnothing \\ 0, & I \bigcap S(x, y) = \varnothing \end{cases} \tag{2-19}$$

公式（2-19）意味着只要与结构元素 $S(x, y)$ 有重叠，则相应中心位置的像素就可以保留输出。膨胀可以扩大火焰分割区域的边界，尽可能保证所有火焰区域都保留下来。而与膨胀相对应的操作为腐蚀，其定义为：

$$I_o = (I - S)(x, y) = \begin{cases} 255, & S(x, y) \subseteq I \\ 0, & S(x, y) \not\subset I \end{cases} \tag{2-20}$$

公式（2-20）意味着只有与结构元素 $S(x, y)$ 完全重叠，相应中心位置的像素才能保留输出。腐蚀能够消除烟雾区域分割图像中细小的噪声，但同时也使得烟雾区域的边缘被去掉了一部分。形态学的开运算就是依次对烟雾分割图像进行腐蚀和膨胀，不仅使烟雾分割图像中细小的噪声得以消除以及使烟雾区域的轮廓变得更光滑，同时还能够达到断开狭窄间断的效果。开运算定义如下：

$$I_o = I \circ S = (I - S) + S \tag{2-21}$$

形态学的闭运算首先对烟雾图像进行膨胀，可以使得两块相近却不相连的烟雾区域接连起来，然后进行腐蚀使因膨胀而产生的多余的烟雾区域边界消失。依次对烟雾图像进行开运算和闭运算就可以达到消除细小的空洞，弥补狭窄的烟雾区域间的间断，并填补烟雾分割区域轮廓线中的断裂。闭运算定义如下：

$$I \cdot S = (I + S) - S \tag{2-22}$$

图 2.11 是经过膨胀处理的结果图，火焰区域明显得到扩展。图 2.12 是经过腐蚀处理的结果图，在使噪声得到进一步的消除的前提下而烟雾区域得到保留。

（a）原图　　　　　　　　　　　　　（b）膨胀处理

图 2.11　图像膨胀处理的结果

（a）原图　　　　　　　　　　　　　（b）腐蚀处理

图 2.12　图像腐蚀处理的结果

　　虽然连续对烟雾图像使用开运算和闭运算既能消除细小噪音并缓和开运算对火焰与烟雾区域的破坏，但如果火焰与烟雾区域中本身就有较大的空洞，则无法简单利用闭运算进行填补。形态学的区域填充以膨胀、求补和交集为基础，从边界内的一个点开始，然后不断地填充烟雾内部区域。烟雾连通区域填充是一个迭代的过程：

$$X_k = (X_{k-1} + S) \bigcap I^c \tag{2-23}$$

这里的 $X_0 = p$。如果 $X_k = X_{k-1}$，则算法结束，并输出 $I_0 = X_k$。

　　如果不计算烟雾图像补集的交集，则膨胀处理会填充整个烟雾区域，但在每一步膨胀处理中，用 I^c 的交集将膨胀结果限制在特定有效区域。这是烟雾区域的条件膨胀过程。图 2.13 是进行区域填充的结果图，烟雾区域中的空洞得到了有效填充。

图 2.13　形态学区域空洞填充的结果图

最后，以火焰区域图 2.11 为模板，对图 2.1(a)取火焰区域分割结果如图 2.14(a)所示，以烟雾区域图 2.13 为模板，对图 2.1(b)取烟雾区域分割结果如图 2.14(b)所示。

（a）火焰区域分割图　　　　　　　　（b）烟雾区域分割图

图 2.14　火焰与烟雾区域分割的最终结果

火焰与烟雾图像在多种颜色模型下各个分量图能突显出火焰与烟雾区域奇异性，直方图均衡化对相应的 M、Y、C_b、C_r 分量图进行非线性拉伸，进行初步的分割之后而得到火焰区域和烟雾区域的二值分割图像，结合形态学的开运算、闭运算以及区域填充对分割图像进行优化处理，最后得到火焰实验图像和烟雾实验图像的分割结果图，这些分割图可作为火焰与烟雾区域的正样本抠取到训练样本库中。火焰与烟雾图像的预处理和分割提高了火焰与烟雾图像的质量并尽可能地排除掉非火焰和非烟雾区域，降低后续火焰与烟雾区域特征分析提取、火焰与烟雾区域的搜索策略及其分类识别的复杂度。

2.3　火焰和烟雾的静态特征

2.3.1　边缘特征

火焰和烟雾区域的边缘信息通过图像区域的空间分布跳跃特性（即用像素点在空间上的导数）进行描述和统计分析，火焰的颜色信息在各颜色模型通道的分量的低阶导数表达各分量在空间分布的差异性。如图 1.2(b)中的 $I_x(x, y, i)$ 表示亮度在水平方向一阶微分，显示区域在空域的边缘特性。

2.3.2　LBP 特征

局部二值模式（Local Binary Pattern, LBP）是对图像局部纹理表征的一种良好特征，它具有旋转不变性和灰度不变性 T.Ojala M.Pietikainen 和 D. Hanvood 在 1994 年提出后，它被广泛地应用于图像的局部纹理特征的提取。局部二值模式 LBP 算子是一种有效的图像纹理特征描述方法，可利用 LBP 提取森林烟雾图像纹理特征。基本的 LBP 算子通过将图像的某一像素作为中心像素，与其 3×3 邻域的 8 个像素的灰度值比较，比其大者为 1，比其小者为 0，这样产生的周边的 0 或者 1 的数按顺时针组合就形成了一个 8 位二进制数，将之转换为十进制数，得到该中心像素的 LBP 值，编码公式为：

$$LBP_{P,R} = \sum_{i=0}^{p-1} s(g_i - g_c)2^i \tag{2-24}$$

$$s(x) = \begin{cases} 1, x \geqslant 0 \\ 0, else \end{cases} \tag{2-25}$$

式中，g_c 为中心像素点的灰度值；g_i 为其邻域像素点的灰度值；P 表示周围像素点个数；R 表示邻域半径，邻域半径是中心像素点与邻域像素点的欧氏距离。

　　对整个图像进行运算，得到原始图像的 LBP 图谱。然后对 LBP 图谱进行直方图统计，用直方图向量来表示原始图像的纹理特征，直方图特征可表示为：

$$H_i = \sum_{x,y} I\{f_i(x,y) = i\} \tag{2-26}$$

式中，i 为模式编号；H_i 表示 LBP 特征值为 i 的像素出现的次数。提取纹理特征时，还可将图像进行分块处理，对每个小块求取 LBP 直方图，并将它们串联得到整个图像的 LBP 直方图。提取森林火焰或烟雾区域在不同分量图上的 LBP 特征向量的一般步骤如下：

　　（1）对监控图像进行归一化或规定化处理为灰度图像。

　　（2）选择 LBP 算子分别计算图像中每一个像素点的 LBP 值而得到 LBP 图谱。

　　（3）对图像进行分块处理，将图像分为 $M \times N$ 个小区域，M、N 取值为大于或等于 1 的整数，当 M、N 取值均为 1 时为不分块情况，当 M、N 大于 1 时，如区域内部纹理的同质性将使其 LBP 的值接近 0。

　　（4）每个小块 LBP 直方图表示区域中每个 LBP 值出现的频率。

　　（5）若将每个小块的直方图串行连接成一维特征向量，则这个列向量可作为整幅图的 LBP 纹理特征向量。

　　图 2.15 是一野外火焰图像及它在各通道的 LBP 特征图，图 2.15（b）是图像亮度分量的 LBP 图像，图 2.15（c）是图像饱和度分量的 LBP 图像，图 2.15（d）是图像在 CMYK 空间的 Y 分量的 LBP 图像。由图 2.16 可知，火焰区域的 LBP 图谱具备区域均匀同质的纹理属性，它的直方图分布具备特异性且不受光照的影响，火焰在颜色各通道上的差异性将以其 LBP 的差异性表现出局部的细节分布。

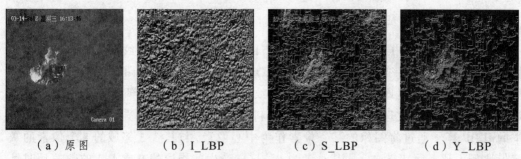

（a）原图　　　　　（b）I_LBP　　　　　（c）S_LBP　　　　　（d）Y_LBP

图 2.15　火焰图像及它在各通道的 LBP 特征图

用 LBP 纹理特征向量作为过完备字典时，将 n 幅林火烟雾训练样本的 LBP 特征向量表示为 H_i，i=1，2，$\cdots$，n。每一个区域图像的 LBP 构成字典的一列，则可构建稀疏表示字典 D，$D =\{H_1,H_2,\cdots,H_n\}$。对每一个搜索得到疑似区域计算出其 LBP 直方图，这个过程采用与训练样本获取 LBP 直方图同样的处理方法，然后将测试样本图像的这个一维特征向量表示成训练产生的过完备字典的稀疏线性组合，即求解出测试图像在该字典上的稀疏编码，根据稀疏表示的重构误差实现测试图像是否为林火烟雾的分类识别。

2.3.3 静态 HOG 特征

对于单帧图像来说，有向梯度直方图 HOG（Histogram of Orientation Gradient）表达区域内的边缘分布和纹理分布。HOG 的获取需要在每个小块上分别计算每个像素点的梯度方向和幅值，并将梯度方向均匀分成 M 个方向，如将整圆区域分为 M=12 的圆弧等分，$\theta（x，y）$ 为梯度方向，$m(x，y)$ 为梯度幅值，$I(x,y)$ 为图像中某一像素点的灰度值，也可选定为一彩色分量等，梯度方向和幅值的计算如下。

$$\theta(x,y) = \arctan(I(x,y+1)-I(x,y-1))/(I(x+1,y)-I(x-1,y)) \qquad （2-27）$$

$$m(x,y) = \sqrt{(I(x+1,y)-I(x-1,y))^2 + (I(x,y+1)-I(x,y-1))^2} \qquad （2-28）$$

如远处烟雾和模糊平滑背景区域的 HOG 在每个方位的幅值基本相同，而近处火焰边缘处和边缘突出背景区域的 HOG 在每个方位的幅值存在较大差别。图 2.16 显示了包含烟雾图像的不同区域 HOG 属性的差异，右中间部分的 A 区人体表现出比较大的每个方位的幅值差异，且总体幅值模量比较大，左下角的 C 区是比较平滑背景区域，这个区域的每个方位的 HOG 幅值差异不大，且总体幅值模量比较小，而包含烟雾的 A 区的每个方位的幅值差异中等，但总体幅值模量比平滑背景区域要大。

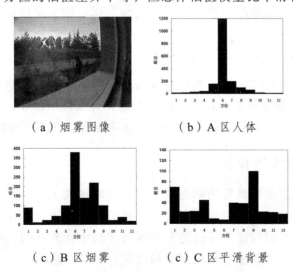

（a）烟雾图像　　　　　　　（b）A 区人体

（c）B 区烟雾　　　　　　　（c）C 区平滑背景

图 2.16　野外图像中不同区域的 HOG 分布

2.4 火焰和烟雾的动态特征

火焰的彩色属性和在运动特征的融合特征将全面反映火焰的组合特异特征，动态特征的提取方法包括累积运动、背景微分和帧间差分等方法。

2.4.1 时频域帧间差分特征

采用图 1.3(b)中的 $\partial_t I$ 表示亮度在帧间的微分以描述表示火焰闪烁的时频特性，它能描述火焰与背景的动态关系。

火焰区域和烟雾区域都是移动目标，这种目标最容易引起注意。火焰与烟雾图像的运动检测是从火焰与烟雾视频图像中有效地将疑似火焰区域或烟雾区域的动态区域标识出来，这是目标跟踪以及识别的基础。正确地检测到运动目标的位置可以有效地避免不必要的偏差。火焰与烟雾图像的运动目标检测根据火焰与烟雾区域的背景环境，可以通过静态火焰与烟雾图像背景检测动态的火焰区域或烟雾区域，也可以通过动态火焰与烟雾图像背景检测动态的火焰区域或烟雾区域。静态火焰与烟雾图像背景通常在基本固定不变的环境中使用，而动态火焰与烟雾图像背景则可以适用于所有可能发生火灾的场所。

通过静态背景获取火焰与烟雾视频图像中的火焰区域或烟雾区域的动态特征，需要事先准备一幅具有代表性的背景模板图像，然后将待检测火焰与烟雾图像，减去选好的静态火焰与烟雾图像背景，而待检测火焰与烟雾图像通常就是当前帧，公式如下：

$$Cr_o(x,y,t) = |Cr(x,y,t) - Cr_b(x,y,t)| \tag{2-29}$$

其中，$Cr_o(x,y,t)$ 为火焰与烟雾图像的红色色度背景。

通过动态火焰与烟雾图像背景获取火焰与烟雾视频图像中的火焰区域或烟雾区域的动态特征，可以使用帧间差分法将当前帧火焰与烟雾图像减去上一时序间隔的火焰与烟雾图像，公式如下：

$$Cr_t(x,y,t) = Cr(x,y,t) - Cr(x,y,t-1) \tag{2-30}$$

帧间差分法所得到的火焰区域和烟雾区域的动态特征就是相应颜色分量在时间（帧向）t 方向上的偏导数值，这种方法对于镜头有细微摆动而产生的视频目标判断具有良好的鲁棒性，对火焰与烟雾的不同光量环境有很好的适应性。

2.4.2 光流直方图特征

火焰区域和烟雾区域具备的动态属性，在时间序列上，其区域都会有一定程度的向上运动，这种运动趋势用光流场可以直观地表达出来。基于光流直方图的动态特征定义、光流模型的构建与算法是利用图像序列中像素在时间域上的变化以及相邻帧之间的相关性来找到上一帧跟当前帧之间存在的对应关系，从而计算出相邻帧之间物体的运动信息的一种方法。光流场是运动场在二维图像平面上的投影，通过图片序列将每张图像中每个像素的运动速度和运动方向的运动表达就是光流场。Hom-Schunck 光流算法考虑如何极小化图像中的数据项，即对应 Euler 方程式（2-31）的求解，通过采用迭代处理的方式以式（2-32），（2-33）对 $\overline{U_{ij}}, \overline{V_{ij}}$ 进行求解。

$$E = \min\left\{\iint F(u, v, u_x, u_y, v_x, v_y)dxdy\right\} \tag{2-31}$$

$$U_{ij}^{(n+1)} = \overline{U_{ij}^{(n)}} - \lambda \frac{I_x\overline{U_{ij}^{(n)}} + I_y\overline{V_{ij}^{(n)}} + I_t}{1 + \lambda(I_x^2 + I_y^2)} \cdot I_x \tag{2-32}$$

$$V_{ij}^{(n+1)} = \overline{V_{ij}^{(n)}} - \lambda \frac{I_x\overline{U_{ij}^{(n)}} + I_y\overline{V_{ij}^{(n)}} + I_t}{w + \lambda(I_x^2 + I_y^2)} \cdot I_y \tag{2-33}$$

其中，$\overline{U_{ij}}, \overline{V_{ij}}$ 为 n 次迭代过程中该点邻域在不同方向上光流的平均值，w，λ 为调整因子，迭代次数决定着算法的效率和光流图像的平滑性。光流直方图是将区域中 360°范围内各子方向扇区的光流幅值进行统计的图形，图 2.17 将各光流矢量分为 12 个等分扇区的示意图，在 1~7 和 12 方位扇区的光流基本上为向上运动的微粒物体，同时为了将光流更形象化表示，借助孟塞尔颜色系统 HSV 可以更直观地显示它们在图像上的分布，一般来说，向上运动的火焰和烟雾微粒的光流分布在大红-黄绿-绿蓝区间。

图 2.17　光流场的各方位扇区分布

　　如图 2.18 所示的整幅森林图像的光流场在各方位和总的光流模量都比较大，由于图中包括燃烧的火焰、移动的人体和风吹的草地，并且火焰的运动占运动物体的主流，故光流的主要模量反映在表示向上运动的几个方位。如图 2.19 所示的抠取的火焰小区域内的主要光流模量都集中在 0~190°方位上。如图 2.20 所示的抠取的背景小区域内的光流模量在各方位都非常小，基本上为零且呈离散分布，这说明一般静态背景区域用非常小的光流模量这个特征就可以区分开来。包含火焰的整幅全视野森林图像中的光流主要由许多火焰小区域产生，它与某一个火焰小区域的光流方位和模量分布基本一致。

 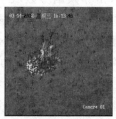  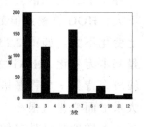

（a）野外火焰　　　（b）光流矢量　　　（c）光流分布　　　（d）直方图

图 2.18　森林图像的光流场及光流直方图

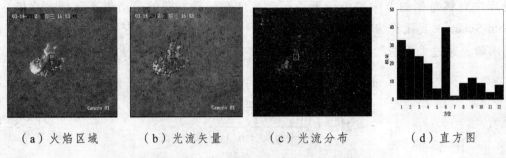

（a）火焰区域　　　　（b）光流矢量　　　　（c）光流分布　　　　（d）直方图

图 2.19　火焰区域图像的光流场分布

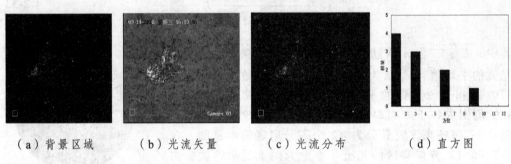

（a）背景区域　　　　（b）光流矢量　　　　（c）光流分布　　　　（d）直方图

图 2.20　背景区域图像的光流场分布

2.4.3　动态 HOG 特征

方向梯度直方图 HOG 反映一区域内梯度在各个方位的分布特征，这是一个区域静态的边缘属性表达。但在一个时域段内考查区域内各帧图像在各方位和总体累积模量的变化就可知道该区域是否为火焰和烟雾区域。将一个矩形区域分为 12 个弧角方位，这个区域的 HOG 总模量为：

$$|HOG|_{Total} = \sum_{i=1}^{12} |G_{bin_i}| \qquad (2\text{-}34)$$

下列图像是在 i 帧和 $i+t$ 帧在不同区域各方位的梯度和 HOG 总模量变化趋势比较，如图 2.21 所示相邻帧火焰区域中各方位梯度模量变化较大，HOG 总模量值处于中等水平且变化值处于中等。如图 2.22 所示相邻帧烟雾区域中各方位梯度模量变化不大，HOG 总模量值处于较低水平且变化值比较小，烟雾区域的边界模糊且在时序上变化不大。如图 2.23 所示相邻帧平滑背景（如地面和草地区域）中各方位梯度模量基本无变化，HOG 总模量值处于较低水平且变化值很小。如图 2.24 所示相邻帧边缘较多背景（如铁栅格区域）中各方位梯度模量基本无变化，HOG 总模量值处于较大水平而变化值很小。如图 2.25 所示相邻帧运动刚体（如运动的人体腿部区域）中各方位梯度模量具备较大变化，HOG 总模量值的变化取决于运动物体与背景物体的梯度反差水平，当运动刚体移走后，该区域的 HOG 分布就是原背景区域的 HOG 分布并保持其 HOG 总模量值无变化。

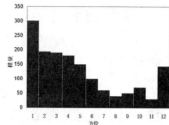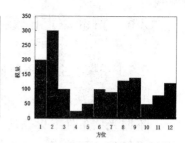

图 2.21　相邻帧火焰区域 HOG 总模量变化

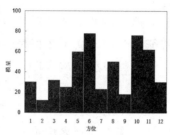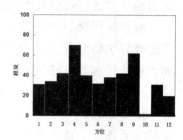

图 2.22　相邻帧烟雾区域 HOG 总模量变化

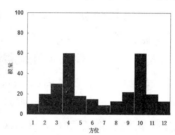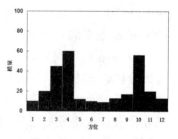

图 2.23　相邻帧平滑背景区域 HOG 总模量变化

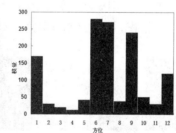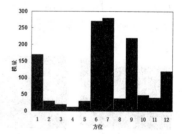

图 2.24　相邻帧边缘较多背景区域 HOG 总模量变化

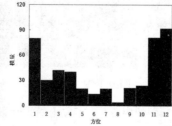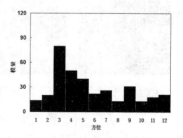

图 2.25　相邻帧运动刚体区域 HOG 总模量变化

2.5 特征数据的变换与降维的基本原理

2.5.1 基于主元分析的特征变换

1. 火焰区域特征分量定义

不同光照条件下火焰的彩色、时空特征是变化的，包括过多特征的组合将影响探测系统的计算效率，在不同投影特征空间中的特征组合也同样对火焰识别系统的识别精度和运行效率有不同的影响。

由于视频火焰的颜色与非火焰区域的颜色特征的模糊性，仍需要采用合理的特征选择方法得到较优的分类特征组合。本文主要探讨各种彩色通道、模型下的颜色和运动特征选择方法以提高火焰归类模型的适应性，以最少的特征集获得更高的识别率和更少的误识率。

图 2.26(a)为含白色天空和地面、绿色树林和草地、红色土地和火焰的多彩野外森林原始图像，该图像包含火焰正样本和非火焰负样本像素两部分，它们在不同的彩色模型空间具备不同的可区分度。彩色模型主要包括亮度、灰度和强度模型；红绿蓝 RGB 彩色空间；亮度、红和蓝彩色分量 YC_rC_b 空间；色度、饱和度和灰度值 HSV 的彩色空间和 CMYK 打印输出等彩色空间。图 2.26(b)-(f)主要涉及彩色特征分量，RGB 彩色空间的各分量具备较大的线性相关性使得它们对火焰颜色具有较弱的可区分性，HSV 的彩色空间的 S、V 分量对火焰区域具备一定的可区分性，CYMK 和 YC_rC_b 彩色空间的 M、Y 和 C_r、C_b 分量对火焰区域具有较好的区分度。图 2.26(i) 描述像素点在空域的变化及边缘属性。图 2.26(g)、(h)描述以亮度为特征的主元分析对原图的表达分析，图 2.26(g)是原图的主元分析表达，它比原图的 HSV 彩色模型的 V 分量灰度图像更能区分火焰与非火焰区域，图 2.26(h)表明用 PCA 的第一主分量已基本表示图像在亮度上主要分布情况。图 2.26(j)是描述时序动态属性的分量图。

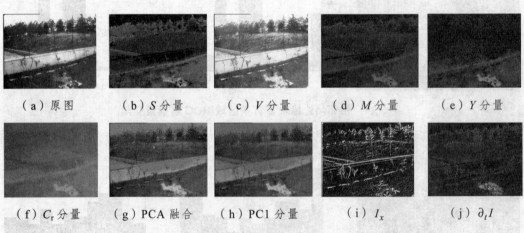

（a）原图　　（b）S 分量　　（c）V 分量　　（d）M 分量　　（e）Y 分量

（f）C_r 分量　　（g）PCA 融合　　（h）PC1 分量　　（i）I_x　　（j）$\partial_t I$

图 2.26　视频图像中各颜色与动态特征分量图像构成

为了表达已正确分类和标记的数据模型，无论在易于软硬件实现的 RGB 彩色空间还是在主元表达空间都需要很多的数据样本用于特征选择，如果选择处在火焰类和非火焰类边界上的样本用于特征重要性贡献排序，将表现出更多与分类相关的信息，处在每两类超边界上的样本具备更加高的特征空间可分性，且边界上的每两类基本上具备同样数量的样本数而呈现更多的数据平衡和对称性，选取每两类超边界上的样本数作为训练样本将减少训练样本数，从而提高特征选择的计算效率。

2. 各颜色空间各通道特征的 PCA 变换方法

将图像在各颜色空间的多个颜色通道进行主成分分析计算，获得最具分辨力的 3 个主要颜色通道，通过对现有数据的主元分析可以得到主元各分量，它能发现特征间的线性结合并将以更少的维数表达更加中心化的原始数据的特征，通过主元分析而得到变换空间下序列化的特征值和特征向量。考虑到系统软硬件对 RGB 空间各变量获取的便利性和对人类视觉系统较为敏感的 HSV 及对火焰具备区分性的 CMYK 空间各变量的无关联性，采用 PCA 算法提取这 12 个颜色特征的主成分颜色通道信息。

获取图像的 R、G、B，Y、M、K，H、S、V 和 y、C_r、C_b 通道数据，按此顺序分别将每个通道数据按列排列方式形成归一化处理的 12 列数据，由其中 m 行和 n 列的图像转换为图像矩阵变为 I，$I=[I1, I2, \cdots, I12]_{mn}$，其每列表示每个颜色通道的数据。通过计算 I 的协方差矩阵和对这个矩阵求出 12 个特征值 λ_i 和 12 个特征向量 ω_i，通过对协方差矩阵的 PCA 变换而得到的 12 个特征值为（0.009，0.003，0.008，1.156，4.160，6.471，0，0.108，1.4E-16，0，0.081，0.001），这反映对原图像本质的体现程度，这说明 K、M、Y 和 S 分量对图像具备更强的表现力，R、G 和 B 分量具备相同的较弱的表现力，C_r 比 C_b 具有更加大的区分性，而 H 分量具备最弱的区分性，而表达更加细致的图像亮度分布 K 分量取代了相关亮度 V 和 y 分布属性。如筛选出 λ_i 中 3 个较大特征值作为主要特征值，将其与相应主成分颜色通道分量相乘而取平均值而得到 PCA 融合图像：

$$I_{\mathrm{PCA}} = \frac{\lambda_6 K + \lambda_5 M + \lambda_4 Y}{3}$$

这样 $m \times n$ 阵列的图像就是在 PCA 变换下的重建图像，由图 2.26(g)、(h)可知，PC_1 分量图基本表达了 PCA 融合图像主要结构和分布，在新的投影空间中的火焰和无火焰像素点的区别更大，由于在新的特征空间中，火焰区域的 PC_1 和 PC_2 包含亮度分布的 Y 以外，还包含红色和蓝色变化分布 M、K，这使得火焰区域的 PC_1 和 PC_2 更大，而较亮的天空和马路区域的 PC_1 和 PC_2 变得较小，使得火焰在新特征空间中具备更加大的区分度。通过对图像 2.1(a)的 PCA 变换得其前三个主元 PC_1、PC_2、PC_3 及 PC_4 对应的较大特征值的分量构成的变换函数关系如下：

$$\begin{bmatrix} PC_1 \\ PC_2 \\ PC_3 \\ PC_4 \end{bmatrix} = \begin{bmatrix} 0.32 & 0.27 & 0.09 & 0.08 \\ 0.38 & 0.10 & 0.06 & -0.19 \\ 0.38 & 0.01 & -0.14 & 0.004 \\ -0.17 & 0.28 & -0.61 & 0.38 \end{bmatrix} \begin{bmatrix} K \\ M \\ V \\ S \end{bmatrix} \quad （2\text{-}35）$$

由于在 RGB 空间中红色和绿色的高度线性相关性，图 2.26(g)表明式(2-35)的 PC_1 基本表达了原图 2.26(a)对应的 4 个 K、M、Y 和 S 分量图的基本构成。图 2.27 显示原始正（实线表示）、负（虚线表示）样本取单个特征时的直方图分布情况比较，Y 轴为样本像素数量，X 轴为特征值范围，所有数据都采用归一化处理，第一主元 PC_1、CMYK 模型中的 M 和亮度 Y 的正、负样本的分布具备峰值曲线交错的双峰分布，类似这 3 个直方图分布的特征一般具备较好的可区分性，而红色 R 特征的正负样本峰值曲线基本上存在重叠和覆盖，类似的这类特征对分类问题具备较弱的可区分性。

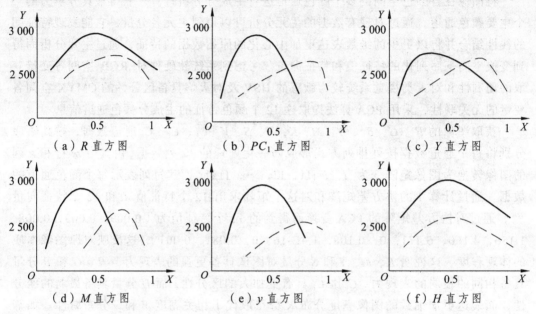

（a）R 直方图　　　　　（b）PC_1 直方图　　　　　（c）Y 直方图

（d）M 直方图　　　　　（e）y 直方图　　　　　（f）H 直方图

图 2.27　正负样本的不同特征分量的直方图分布

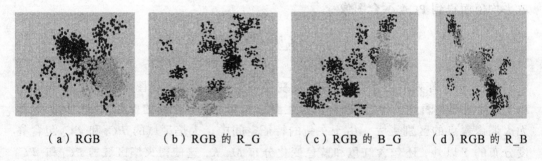

（a）RGB　　　（b）RGB 的 R_G　　　（c）RGB 的 B_G　　　（d）RGB 的 R_B

图 2.28　正负样本在 RGB 彩色空间和各平面的分布

图 2.28 显示正样本（绿色球表示）和负样本（黑色球表示）在 RGB 空间和不同的投影面的分布情况。图 2.28(a)表明各样本在 RGB 空间的分布主轴基本上沿空间立方体的主对角线方向分布，使得每个像素都与各分量特征相关和牵连，图 2.28(b)表明正、负样本在 R_G 投影平面上有重叠的分布，且二维数据的分布主轴仍然不平行于任何一个特征轴方向，正、负样本在单个 R 特征分量上比在单个 G 特征分量上具有更多的重叠性。

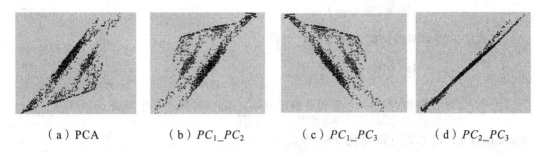

（a）PCA　　　　（b）$PC_1\_PC_2$　　　　（c）$PC_1\_PC_3$　　　　（d）$PC_2\_PC_3$

图 2.29　正负样本在 PCA 变换空间和各平面的分布

图 2.29(a)表明显示正样本(蓝色球表示)和负样本(红色球表示)在前三个主元空间的分布,图 2.29(b)表明正样本在 $PC_1\_PC_2$ 投影平面的一个矩形框内,即 PC_1 和 PC_2 特征的组合能基本框定正样本的基本分布范围,它们在单个 PC_1 或者 PC_2 特征分量上也具有较明确的类别分界。图 2.29(d)表明 PCA 的主轴沿 PC_1 主方向分布,不包含 PC_1 的投影面具备较大的类不可分性质。在图 2.27 的样本分布曲线和图 2.28 的样本在 PCA 空间分布显示的相关特征对分类的可区分性与从 Relief 特征选择中得到同样的定量和定性结果一致。

2.5.2　基于核函数主元分析的特征变换

核主元分析(Kernel Principal Component Analysis,KPCA) 算法是一种基于目标统计特性的最佳正交变换,变换后产生的新的分量正交或不相关算法以部分新的分量表示原矢量时的均方误差小,这样变换后的矢量更趋确定,其能量更趋集中,因此被广泛应用在火灾识别这类目标识别领域。对于服从任意分布的观测数据,核 PCA 首先利用一个非线性映射函数将样本数据从输入空间映射到特征空间中,使得映射数据近似高斯分布,变换后的数据仍然采用 PCA 方法提取前几个主元作为主要特征。该方法能比较好地在高维空间将非线性问题转化成线性问题,并回避了求取非线性映射的复杂性。

核主元分析是一种非线性特征提取方法,它通过引入核函数将输入样本空间映射到一个高维空间,使其变得线性可分,再通过线性主元分析进行特征提取,得到样本数据的非线性主元,在不降低分类效果的情况下,有效地去除样本中的冗余信息,实现了对样本的降维处理。假定原始输入样本为 $x^{N \times M} \in R^M$,通过一个非线性函数 $\psi(\cdot)$ 将 $x^{N \times M}$ 映射到高维特征空间 F,如果有 $\sum\limits_{i=1}^{N} \psi(x_i) = 0$,则特征空间的协方差矩阵可以表示为:

$$C = \frac{1}{N} \sum_{i=1}^{N} \psi(x_i)\psi(x_i)^{\mathrm{T}}\qquad(2\text{-}36)$$

设 λ 为协方差矩阵的特征值,v 为特征向量,则有:

$$\lambda v = Cv, v \in F \qquad (2\text{-}37)$$

将式（2-37）两端同时左乘 $\psi(x_i)$ 可得：

$$\lambda\psi(x_i)v = \psi(x_i)Cv \qquad (2\text{-}38)$$

由于 $v \in F$，假设存在一个系数 ∂ 满足 $v = \sum_{i=1}^{V} \partial_i \psi(x_i)$，并定义矩阵 $K_{ij} = \left[k(x_i, x_j) \right]_{N \times N}$ $= \psi(x_i)\psi(x_j)$，则上式可以简化为：

$$N\lambda\alpha = K\alpha, \qquad \alpha = (\partial_1, \partial_2, \ldots \partial_N)^{\mathrm{T}} \qquad (2\text{-}39)$$

通过求解上式可求得特征值 λ_k，对 λ_k 进行降序排列，按照贡献率大于 90% 提取前 n（$n<N$）个主元向量 $\lambda_k (1 \leqslant k \leqslant n)$，以这些主元向量为高维特征空间的基，特征空间中的点 $\psi(x)$ 向第 k 个核主元 v_k 投影为：

$$\delta_k = <v_k \cdot \psi(x)> = \sum_{i=1}^{N} a_i^k k(x_i, x) \qquad (2\text{-}40)$$

核主元分析首先需将样本数据进行核变换，其变换程序段如下：

```
function TKPCAPatternRecogForm.KPCAGetKernelmatrix(xx:TMatrix;
KernalVar:double;Sign:Integer):TMatrix;
var
//KMatrix 为核矩阵，xx 为原数据，kernalVar 为高斯核参数，Sign 为高斯核还是线性核
i,j,Col,u,v,p,q,L,jt,t1:Integer;
x,y,x1,y1:TVector;
    t:Double;
    ii,yy,fm,cn,sn,omega,d:Double;
    KMatrix,a,v1,b:TMatrix;
begin
    DimVector(x, NumFeatures); DimVector(y, NumFeatures);
    DimMatrix(KMatrix, NumSamples, NumSamples);
    For I:=1 to NumSamples do //rows 表示多少组训练数
        for J:=1 to NumSamples do
        begin
            for Col:=1 to NumFeatures do//columns 表示每组的特征数
          begin
                x[Col]:=XX[I][Col]; y[Col]:=XX[J][Col];
                end;
            if Sign=1 then //按高斯核处理
              begin
                for u:=1 to NumFeatures do
```

```
            x[u]:=x[u]-y[u];
                t:=VectorProduct(x,x,NumFeatures); //矢量点积计算
            KMatrix[I][J]:=exp(-t/(2*kernalVar*kernalVar));
            end    else if sign=2 then //选线性核时各变量直接累加
             begin
                t:=VectorProduct(x,y,NumFeatures);KMatrix[I][J]:=t;
                end;
        end;
    Result:=KMatrix;//获得核矩阵
end;
```

样本数据映射到特征空间后还需要保证核变换后的数据是中心化的，得到修正后，中心化的核矩阵计算程序段如下：

```
function TKPCAPatternRecogForm.Modifykernelmatrix(k:TMatrix):TMatrix;
Var //获得修正后数据中心化的核矩阵的程序段
    i,j,p,q:Integer;
    s1,s2,s3:Double;
    KL:TMatrix;
Begin
    DimMatrix(KL, NumSamples, NumSamples);
    S1:=0;S2:=0;S3:=0;
//公式：K_test_n = K_test - unit_test*K - K_test*unit + unit_test*K*unit;
for p:=1 to NumSamples   do
    for q:=1    to NumSamples do
    s3:=s3+K[p][q];//s3 为包含所有核数据 k 的累计
  for I:=1 to NumSamples do
  begin s1:=0;
        for p:=1 to NumSamples do s1:=s1+K[i][p];//s1 可看成是 K_test 的累计
  for    J:=1 to NumSamples do //获得数据中心化的核矩阵
     begin   s2:=0;
    for p:=1 to NumSamples do s2:=s2+K[p][j];
    KL[i][j]:=K[i][j]-s2/NumSamples-s1/NumSamples+s3 /(NumSamples*NumSamples);
    end;
  end;
    Result:=KL;//求出数据中心化的核矩阵结果
end;
```

KPCA 中的核函数一般采用高斯径向基函数，当然高斯径向基函数的参数对分类效果影响较大，需在实验中调试。选择的 RBF 核函数如下：

$$K(x, x_i) = \exp\left(-\frac{\|x - x_i\|}{\sigma^2}\right) \tag{2-41}$$

作为核主元分析的核函数，其宽度参数 σ^2 根据实验一般选择在 1000 左右，经过核主元分析计算，前几个核主元的累计贡献率已经大于 80%，因此选择前几个核主元组成新的特征集足够表达原来较长的特征集。

在结合稀疏字典分解和核 PCA 特征进行分类时，首先采用核 PCA 对特征进行提取，在特征空间内构造稀疏表示模型，然后采用稀疏表达字典的稀疏分解进行分类，求得的测试样本的稀疏系数的能量比率实现其分类识别。实验证明基于核 PCA 的投影空间特征的火灾探测系统表现出较高的识别精度和运行效率。

2.5.3 基于 PCA 特征基的字典原子

1. 火焰和烟雾测试基本原理

火焰和烟雾测试的基本原理是从近处火焰、远处火焰、黑色烟雾、白色烟雾、背景这 M 类训练样本中判定出测试样本是属于哪一类，如共有 M 类训练图像样本，每类样本有 K 幅区域图像，用一个 $m \times n$ 的矩阵 $A_{ij}(i=1,2,\cdots,M; j=1,2,\cdots,K)$ 表示第 i 类训练样本的第 j 幅图像，所有训练样本的平均图像用 $\overline{A}$ 来表示。

2. 基于 PCA 特征基的火焰和烟雾样本的线性表示

为了提高计算机分类的运算效率，将火焰和特征矢量进行主成分分析，将火焰和烟雾图像变换到 PCA 特征向量空间并进行降维处理。设 $A_{ij}^{(q)}$ 和 $\overline{A}^{(q)}$ 分别表示 A_{ij} 和 $\overline{A}$ 的第 q 个行向量，列方向的协方差矩阵可表示为：

$$G = \frac{1}{M \times K} \sum_{i=1}^{M} \sum_{j=1}^{K} \sum_{q=1}^{n} (A_{ij}^{(q)} - \overline{A}^{(q)})(A_{ij}^{(q)} - \overline{A}^{(q)})^{\mathrm{T}} \tag{2-42}$$

主元投影矩阵 Z_{opt} 可通过计算上式对应的前 q 个较大特征值对应的特征向量而获得。将归一化后的每个样本的特征向量作为稀疏超完备字典 C 的一个原子，此时测试样本 y 在 PCA 特征基字典基础上的线性表示为：

$$y = Cx_0 + e_0 \tag{2-43}$$

其中，e_0 表示误差向量，理论上，系数 $x_0 = (0, \cdots, 0, \alpha_{i,1} \alpha_{i,2} \cdots \alpha_{i,k} 0 \cdots, 0)$，即除了与第 i 类有关的各列对应为非 0，其他对于列的系数均为 0。

为了用稀疏向量 x_0 表示测试样本 y，式(2-44)可以通过最小 l_1 范数解决：

$$x = \arg \min \|x\|_1 + e_0 \quad \text{s.t. } Cx = y \tag{2-44}$$

对于一个火焰和烟雾测试样本，稀疏表示 x_1 可以通过上式得到，在无噪声的状态下，x_1 中的非零项对应于稀疏字典中的同一类列或样本，由此而将测试样本 y 判定为该类。而实际计算中，很多其他类会出现一些比较小的非零值，此时可以通过最大系数对应的列的类进行判别。要全面考虑火焰与烟雾特征中相关的线性结构信息，必须综合考虑测试样本 y 与每类样本 i 的最小残差值。即对每类样本 i，定义特征函数 δ_i，选择与第 i 类相关的系数 x_0，此时，第 i 类测试样本 y 可表示为：

$$y_i = C\delta_i(x_1) \tag{2-45}$$

根据测试样本 y 和测试样本估计 y_i 的最小残差进行分类和识别：

$$\min_i r_i(y) = \|y - C\delta_i(x_1)\|_2 \tag{2-46}$$

在同等识别精确度的情况下，由于采用的特征数更少，以 PCA 特征基的稀疏分类识别的效率更高，在火焰、烟雾和背景样本库较大情况下这种效果会更加明显。采用 PCA 进行特征降维，特征维数更低，但重要特征细节和关联特征保留得更多，因而能在较低的特征维数的情况下达到很高的识别率。

2.6 特征选择与融合

火焰与烟雾区域特征的选择和提取将直接影响到最后的区域识别结果，要选择出火焰区域与烟雾区域最具代表力的特征，一方面保障分类识别的准确，另一方面减少训练和识别的时间。常用的图像特征有颜色特征、形状特征、纹理特征等，这些特征的选择和组合对火焰与烟雾的分类精度具备很大的影响。为了表达和构建已正确分类和标记的数据模型，需要很多的数据样本用于特征选择方法，在实验数据的选择上，应选择处在火焰类和非火焰类边界上的样本用于特征重要性贡献排序，这样包括和表现出更多与分类相关的信息，处在每两类超边界上的样本具备更加高的特征空间可分性，且尽量考虑边界上的每两类基本上具备同样数量的样本数以便保持数据的平衡性和对称性。

2.6.1 基于 Relief 的特征区分性序列的产生方法

用 Relief 算法可去除与分类不相关的特征，保留对火焰的正确判断起到关键作用的几个奇异性特征。在基于 Relief 的特征选择算法中，首先利用 Relief 算法为各个颜色和运动等特征赋予相应的权重，根据权重的大小选出更有利于分类的特征并删除一些权重较少的冗余特征。Relief 算法每次从已标识类别的训练样本集中随机选取一个该类样本 R，然后从该同类的样本集中找出 k 个近邻样本，然后从与该类样本不同类的样本集中也选出 k 个近邻样本，近邻样本数 K 的选取取决于最小的同类样本数和计算精确度，实验中一般取 $k=2\sim5$，根据计算而更新每个特征的权重：

$$\omega(f_i) = \omega(f_i) - \sum_{j=1}^{k} diff(f_i, R, H_j(C))/(mk) + \tag{2-47}$$

$$\sum_{C \neq class(R)} \left(\frac{P(C)}{1-P(class(R))} \sum_{j=1}^{k} diff(f_i, R, M_j(C)) \right)/(mk)$$

其中，公式（2-47）中的第二项表示样本 R_1 和样本 R_2 在特征 f_i 上的差，$H_j(C)$ 表示和

R 同类的第 j 个最近邻样本；公式（2-43）的第三项的 $M_i(C)$ 表示不同类中的与样本 R 的第 j 个最近邻样本。

$$diff(f_i, R_1, R_2) = \frac{R_1[f_i] - R_2[f_i]}{\max[f_i] - \min[f_i]} \qquad (2\text{-}48)$$

基于 Relief 获取各特征对分类贡献的权重程序段如下：

```
Function TReliefSelectFeatureForm.Weight(var P:TMatrix;Row, Col,M:Integer;
Weight_Col: TVector; K: Integer): Double;
var    //获取各特征对分类贡献的权重程序段
// P 为训练样本数据，Row 为样本个数（行），Col 为特征个数（列），M 为分类数
// K 为均值分类数
    i,j,Ck,Count,Count_m,Row_rand,T:Integer;
    Pclass,TestSingle:Double;


Diff_RH_t,Diff_RM_t,Diff_Hit,Diff_Miss,Countx,Row_RHk,Row_RMk:TVector;
    Diff_RH,Diff_RM:TMatrix;
begin
    for J:=0 to Col-1 do
    Weight_Col[j]:=0;//每个特征列的权重赋初值
    Ck:=0;Count:=0;PClass:=0;
    DimVector(Diff_RH_t,col);DimVector(Diff_RM_t,col);
    DimVector(Diff_hit,col); DimVector(Diff_miss,col);
    for J:=0 to Col-1 do
    begin //矩阵清零
       Diff_RH_t[j]:=0;Diff_RM_t[j]:=0; Diff_hit[j]:=0;Diff_miss[j]:=0;
    end;
    DimMatrix(Diff_RH,m,col); DimMatrix(Diff_RM,m,col);
    for I:=0 to M-1 do
     for J:=0 to Col-1 do//矩阵清零
    begin
     Diff_RH[i][j]:=0;Diff_RM[i][j]:=0;
    end;
    Randomize;//初始随机化
    for t:=0 to M-1 do //按共有 M 个类对比计算
    begin
       Ck:=Ck+Count;      Count:=0;
    while P[Ck+Count][0]=t do
```

```
        begin
            Count:=Count+1;
            if (Ck+Count)=Row then
            Break;
        end;
        PClass:=((Row-Count)/Row)/(1-(Count/Row));
        DimVector(Row_RHk,k);DimVector(Row_RMk,k);
    for Count_m:=0 to m-1 do
        begin //从前 m 个为训练样本集中
            Row_Rand:=Random(m-1)+ck;//随机选取其中一个作为训练样本
            Row_RHk:=RHk(P,Row,Col,Row_Rand,k); //求样本 R 的最近邻 k 同类样本 H
            Row_RMk:=RMk(P,Row,Col,Row_Rand,k); //求样本 H 的最近邻 k 异类样本 M
            for J:=1 to Col-1 do
        begin
        for i:=0 to k-1 do
        begin
Diff_RH[Count_m][j]:=Diff_RH[Count_m][j]+Diff(P,Row,j,Row_Rand,Trunc(Row_RHk[i]));
Diff_RM[Count_m][j]:=Diff_RM[Count_m][j]+ Diff(P,Row,j,Row_Rand, Trunc(Row_RMk[i]));
        end;
         end;
        end;
    for J:=1 to Col-1 do
     begin
    for count_m:=0 to m-1 do
        begin
            Diff_RH_t[j]:=Diff_RH[Count_m][j]+Diff_Rh_t[j];
            Diff_RM_t[j]:=Diff_RM[Count_m][j]+Diff_RM_t[j];
        end;
        Diff_Hit[j]:=Diff_RH_t[j]; Diff_Miss[j]:=Diff_RM_t[j];
     end;
     end;
    for J:=1 to Col-1 do//获得每个特征变量(列)对分类的贡献权重
    Weight_Col[j]:=Weight_Col[J]-(Diff_Hit[J]/(M*k))+(Diff_Miss[J]/(M*k));
    end;
```

对于类似图 2.1(a)这样的野外火焰区域的图像，通过均值聚类、形态学处理、颜色掩膜和帧间运动计算可得到火焰正样本和非火焰负样本两大类分割的区域像素集，这些已分类像素集的各特征经 Relief 算法的计算而得到对火焰区域分类贡献的序列如表 2.3 所示。

表 2.3 火焰颜色和运动各特征重要性序列

重要性序号	特征	权重	重要性序号	特征	权重
1	PC_1	2.357	12	R	0.680 3
2	$\partial_t I$	2.273	13	RB	0.650 4
3	K	2.146	14	PC_2	0.600 3
4	M	2.087	15	R^2	0.578 5
5	C_r	2.044 7	16	B	0.443 8
6	I_x	1.910 4	17	C_b	0.397 5
7	I_y	1.786 3	18	G	-0.253 8
8	Y	1.654 9	19	B^2	-0.984 7
9	S	1.397 3	20	PC_3	-1.460 4
10	V	0.875 9	21	G^2	-1.890 4
11	y	0.686 5	22	H	-2.290 3

由表 2.3 可知，通过选择火焰与非火焰特征边界区域的样本产生的 PCA 第一主分量比用 RGB 分量分解得到的特征更重要，火焰区域图像基本上呈现为灰色，在 HSV 彩色空间的各分量基本是线性无关的，亮度分量 V 通道表现出火焰区域的特异性。由 RGB 彩色空间的多项变换组合可得到不同特征，其分类贡献权重变化范围大，第 1~9 号特征为第一优选系列，从第 16 号特征权重起发生了较大变化，在其以后的特征基本上可以被摈弃而不参加进行分类的特征组合。组成火焰的像素颜色都偏白色，一般认为蓝色 B 分量与火焰更加相关，从表 2.3 分析可知绿色分量 G 比蓝色分量 B 更加重要，依据 R、G 和 B 而线性组合的 PC_1 和 KPC_1 的权重因子分布也表明特征分量 G 与第一主元相关性显得更大。亮度、光强度和灰度值 Y、V 和 PC_1 等都表示像素颜色偏白色程度的特征，它们的权重值都非常靠近靠前。火焰区域的空域变化程度由 I_x、I_y 两个方向的一阶导数确定，这两个值都比较大，火焰区域的时域动态性由时频属性 $\partial_t I$ 而确定，在每个相邻帧间这个动态特征表现为比较缓慢变化，而在帧间时空块积累上是一个较大值，在图 2.27(j) 上的这个特征表现出火焰区域具备较大的可区分性。

2.6.2 基于火焰和烟雾区域的协方差描述子的特征融合

1. 协方差描述子特征的基本概念

准确地表达和描述野外复杂环境中火焰与烟雾区域的综合特征需考虑多种因素。因为在自然环境中的火焰区域与烟雾区域的图像受光照条件和空气流动的影响而处在一个变化的状态。单一特征难以表达火焰区域和烟雾区域，更无法保证火焰与烟雾区域的分类识别的准确率。在火焰与烟雾分类识别中需融合多个适用于火焰区域或烟雾区域的特征，而这些特征在选择的过程中必须满足：

（1）排他性，火焰区域或烟雾区域能准确地表达出来，即火焰区域与烟雾区域特征应与其他背景物体区域具备差异性，能够有效区分和标识火焰区域、烟雾区域或其他背景区域；

（2）完备性，普通的火焰区域或烟雾区域都能被相应的特征表达出来，特征对应的范围应包括多种条件下变化区域；

（3）空间不变性，位于图像中不同位置以及不同方向的火焰区域或烟雾区域都能被表达出来。

为了更好地表示和描述火焰区域和烟雾区域，需要将多个火焰区域或烟雾区域的特征融合在一起，但不同的火焰与烟雾区域的特征有不同的量纲，或者有一定程度的关联性，因此要采用合适的特征融合方法才能有效地发挥不同的火焰与烟雾区域的特征作用，也可以避免不同的火焰区域或烟雾区域特征的相互干扰。本文通过协方差描述子实现对多个火焰区域和烟雾区域特征的融合，分别构出能够有效地表示和描述火焰区域和烟雾区域的协方差描述子。对于 n 维的特征向量 $F = [f_1, f_2, \cdots, f_n]^T$，第 i 维和第 j 维火焰与烟雾区域特征的协方差以及 F 的协方差描述子分别为：

$$c_{ij} = \frac{1}{N-1}(\sum_{k=1}^{N} f_{ik}f_{jk} - \frac{1}{N}\sum_{k=1}^{N} f_{ik}\sum_{k=1}^{N} f_{jk}) \qquad (2\text{-}49)$$

$$C = \begin{bmatrix} c_{11} & c_{12} & \cdots & c_{1n} \\ c_{21} & c_{22} & \cdots & c_{2n} \\ \vdots & \vdots & & \vdots \\ c_{n1} & c_{n2} & \cdots & c_{nn} \end{bmatrix} \qquad (2\text{-}50)$$

协方差描述子 C 是一个对称矩阵，其对角线上的元素表征每个火焰与烟雾区域特征的方差，而非对角线上的元素代表不同火焰与烟雾区域特征之间的相关程度。通过协方差描述子表示和描述火焰和烟雾区域有以下优点：协方差描述子可以融合火焰与烟雾区域在不同颜色模型中各个分量的颜色值、颜色偏导数和动态特征等；在计算协方差描述子的过程中，火焰与烟雾图像中噪声会在一定程度上受到抑制，在特征边界上的像素区域仍然能被分割开来；协方差描述子维数的大小只是依赖于火焰与烟雾区域特征的个数而与处理的窗口大小无关。对于搜索的 $W \times H$ 的图像区域，实验中采用的火焰与烟雾区域的像素分量特征分别定义为：

$$f_{flame} = [x, y, f_{C_r}^T, f_Y^T]^T \qquad (2\text{-}51)$$

$$f_{smog} = [x, y, f_K^T, f_{C_b}^T, f_{C_r}^T]^T \qquad (2\text{-}52)$$

其中，$f_{Cr} = [Cr, |Cr_x|, |Cr_y|, |Cr_{grad}|, |Cr_{xx}|, |Cr_{yy}|, |Cr_t|]^T$，而 f_Y、f_K 和 f_{C_b} 同样也是相应颜色通道的颜色值、对 x 和 y 的两个一阶偏导数和两个二阶偏导数、梯度以及对时间（帧

序）的偏导数等颜色特征向量相应的分量。因此，相应的火焰区域协方差描述子 C_{flame} 共 16 维，而烟雾区域协方差描述子 C_{smog} 共 23 维。为了将火焰区域和烟雾区域的协方差描述子融合特征用于与 AdaBoost 算法、稀疏表达和支持向量机分类器进行比较，协方差描述子转换成包含等价信息的协方差描述子向量为：

$$C' = [c_{11}, c_{12}, \cdots, c_{1n}, c_{22}, \cdots c_{2n}, \cdots, c_{nn}] \qquad (2\text{-}53)$$

在这种特征表达形式下，火焰区域特征 C'_{flame} 共（17×16/2）=136 维，烟雾区域特征 C'_{smog} 共（24×23/2）=276 维。

2. 基于协方差描述子的火焰与烟雾区域的特征距离

协方差描述子不属于欧式空间范畴，因此两个协方差描述子之间的距离不能用一般的欧氏空间距离来衡量。协方差描述子度量模型中常用仿射黎曼的度量，在此基础上的正定对称阵流形上两个协方差描述子的测地距离为：

$$\rho(C_1, C_2) = \sqrt{\sum_{k=1}^{n} \ln^2 \lambda_k(C_1, C_2)} \qquad (2\text{-}54)$$

其中，$\lambda_k(C_1, C_2)$ 是协方差描述子 C_1 和 C_2 的第 k 个广义特征值。设 $C_1, C_2 \in C^{n \times n}$ 是正定矩阵，则 C_1 和 C_2 满足：

$$(C_1 - \lambda C_2)x = 0 \qquad (2\text{-}55)$$

其中，$x \in C^n$，$x \neq 0$，$\lambda \in C$。如果 λ 和 n 维非零列向量 x 使公式（2-55）成立，则称此 λ 和 x 分别为公式（2-55）的特征值和特征向量。方程如下：

$$\det(C_1 - \lambda C_2) = 0 \qquad (2\text{-}56)$$

称为公式（2-55）的特征方程。对于两个正定矩阵 C_1 和 C_2，存在另一个正定矩阵 S，并且令 $S = (C_2^{-1})C_1$，则公式（2-55）可以转化为：

$$Sx = \lambda x \qquad (2\text{-}57)$$

设 S 的特征值分别为 $\lambda_1, \lambda_2, \cdots, \lambda_n$，则有酉矩阵 U 满足

$$U^H S U = diag(\lambda_1, \lambda_2, \cdots, \lambda_n)$$
$$\lambda_k C_i x_k - C_e x_k = 0, k = 0, 1, \cdots, n \qquad (2\text{-}58)$$

其中，x_k 为广义特征向量。

通过黎曼距离的度量方法比较复杂，影响了火焰与烟雾视频图像实时检测的效率，基于改进李群结构基础上的度量是一种有效的简化计算，在这种度量下的正定对称阵黎曼流形上两个协方差描述子的距离公式为：

$$\rho(C_1, C_2) = \sqrt{Tr(\ln(C_1) - \ln(C_2))^2} \qquad (2\text{-}59)$$

3. 改进协方差描述子在火焰与烟雾区域分类上的应用

如果每次都是直接计算协方差描述子的话，这将花费大量的运算时间。为了提高计算火焰与烟雾区域特征的效率，可以借用积分图像的概率来实现协方差描述子的计算。对于一个灰度或者颜色通道表示的火焰与烟雾图像 I，其积分图像定义为：

$$II(x,y)=\sum_{i\leqslant x}\sum_{j\leqslant y}I(i,j) \tag{2-60}$$

设 $P(x',y',i)=\sum_{x\leqslant x',y\leqslant y'}f(x,y,i)$ 和 $Q(x',y',i,j)=\sum_{x\leqslant x',y\leqslant y'}f(x,y,i)f(x,y,j)$，则在指定区域 $[x_1,x_2]\times[y_1,y_2]$ 内第 i 维和第 j 维火焰与烟雾区域特征的协方差可以表示为：

$$
\begin{aligned}
c_{ij}&=\frac{1}{S-1}\left[\sum_{\substack{x_1\leqslant x\leqslant x_2\\y_1\leqslant y\leqslant y_2}}f(x,y,i)f(x,y,j)-\frac{1}{S}\sum_{\substack{x_1\leqslant x\leqslant x_2\\y_1\leqslant y\leqslant y_2}}f(x,y,i)\sum_{\substack{x_1\leqslant x\leqslant x_2\\y_1\leqslant y\leqslant y_2}}f(x,y,j)\right]\\
&=\frac{1}{S-1}\{Q(x_2,y_2,i,j)+Q(x_1,y_1,i,j)-Q(x_2,y_1,i,j)-Q(x_1,y_2,i,j)\\
&\quad -\frac{1}{S}[P(x_2,y_2,i)+P(x_1,y_1,i)-P(x_2,y_1,i)-P(x_1,y_2,i)]\\
&\quad \times[P(x_2,y_2,j)+P(x_1,y_1,j)-P(x_2,y_1,j)-P(x_1,y_2,j)]\}
\end{aligned}
\tag{2-61}
$$

其中，$S=(x_2-x_1-1)(y_2-y_1-1)$。在构建火焰与烟雾积分图像后，后续的火焰与烟雾图像的任何区域的协方差描述子的计算复杂度都降为 $O(d^2)$，而与区域本身的大小基本无关。

4. 基于协方差的特征相关性验证和特征组合

协方差矩阵描述子是火焰的颜色、动态特征的综合描述，协方差矩阵中非对角线上的元素表示着每两个特征间的关联情况。如果将火焰的运动特征 $\partial_t I$ 作为特征参照基，它与其他特征的相关性与用 Relief 方法获得的各特征分量的贡献率分析结果基本一致。

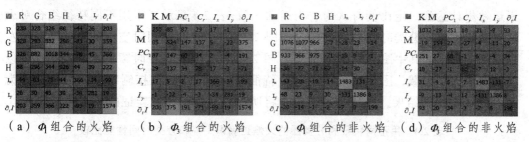

（a）Φ_1 组合的火焰　（b）Φ_3 组合的火焰　（c）Φ_1 组合的非火焰　（d）Φ_3 组合的非火焰

图 2.30　基于空域和时域特征的火焰和非火焰区域协方差分布与比较

图 2.30(a)、图 2.30(b)是取自含火焰区域的协方差分布呈现，其表达帧间火焰区域运动的 $\partial_t I$ 方差都属于中等偏大，表达火焰亮度的空域变化的 I_x、I_y 方差及与 $\partial_t I$ 的相关各值都比较小，即火焰区域是较平滑区域。含运动非火焰区域的 $\partial_t I$ 方差及与各亮度相关各值也比较大，非火焰且背景复杂区域的 I_x、I_y 方差都比较大，通过采用协方差矩阵的（8×7/2）=28 个三角形算子组成由 SVM 的训练样本特征集就可获得对

火焰具分辨能力的分类器，对于协方差算子特征的分类判断也可采用黎曼距离和对数欧式距离计算获得。

5. 基于特征组合的火焰区域探测分析

实验比较用的特征组合采用下列两组，Φ_1 组合引入了相关性强的颜色分量和分类贡献权重处于较后的 H 特征，Φ_2 组合在 Φ_1 的基础上引入对火焰分类贡献权重处于前面的饱和度 S 而取代色度 H，Φ_3 是兼顾了 CMYK 空间的 K、M 分量和主分量分析的第一主分量 PC_1，且考虑了采用对火焰区域有独特感知的 yC_rC_b 空间的 C_r 分量。Φ_1,Φ_2,Φ_3 的公式如下：

$$\Phi_1=[R \quad G \quad B \quad H \quad I_x \quad I_y \quad \partial_t I]^{\mathrm{T}} \qquad (2\text{-}62)$$

$$\Phi_2=[R \quad G \quad B \quad S \quad I_x \quad I_y \quad \partial_t I]^{\mathrm{T}} \qquad (2\text{-}63)$$

$$\Phi_3=[K \quad M \quad PC_1 \quad C_r \quad I_x \quad I_y \quad \partial_t I]^{\mathrm{T}} \qquad (2\text{-}64)$$

为了减少对整个区域每个搜索窗口融合特征的计算，按下列候选区域判断公式 (2-65)、(2-66) 和 (2-67) 对基本包含火焰颜色和运动像素的时空块作为疑似火焰区域以进行后续分析运算。当时域中的光亮强度发生变化的像素比例超过阀值时，由运动累计矩阵判断搜索区域是否为运动区域。

$$R > B > G \qquad (2\text{-}65)$$

$$\begin{cases} \mathrm{Inc}(\mathrm{N}_{d_i}), \text{if } \left|I(x,y,t_{i-(k/2)}) - I(x,y,t_{i+(k/2)})\right| > 20 \\ B_m=1, \text{if } \left(\mathrm{N}_{d_i} / \sum_M \sum_N \sum_k \phi(M,N,k)\right) > Thdi \end{cases} \qquad (2\text{-}66)$$

$$M(i,j)=\begin{cases} M(i,j)+1, \text{if } (B_m=1) \\ M(i,j), \quad \text{if } (B_m=0) \end{cases} \qquad (2\text{-}67)$$

公式（2-66）中的 M, N 为搜索窗口的长宽，k 为时空块的帧数，当一窗口的像素运动累计达到一定比例时认为它为运动区域。表 2.4 显示了采用不同特征组合对火焰正确识别率和分类时间性能比较。如图 2.31 所示视频序列时空中的火焰形状从左边向上方移动，其中图 2.31(a) 是原图，图 2.31(b) 为遴选出在时频上变化且呈红色色调的疑似火焰区域，图 2.31(c) 为一般化特征序列 Φ_1+SVM 的探测结果，图 2.31(d) 为 Φ_3+SVM 的探测结果，这样的特征组合将明显提高火焰区域验证的效率和精确度。

表 2.4　用不同特征和分类器的火焰正确识别率和分类时间性能比较

特征组合与分类	正检率帧 /%	误检率帧 /%	运行时间 /s（每 100 帧）	
			不加遴选	加遴选
SVM–RBF+Φ_1	92.1	0.09	5.3	1.71
SVM–RBF+Φ_2	97.2	0.04	5.2	1.73
SVM–RBF+Φ_3	99.8	0.01	22.3	10.2

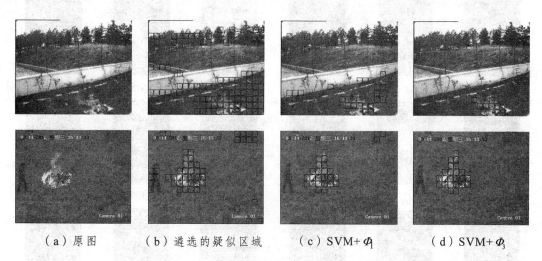

| （a）原图 | （b）遴选的疑似区域 | （c）SVM+Φ_1 | （d）SVM+Φ_3 |

图 2.31　采用颜色与动态特征组合的火焰区域检测的结果

依据火焰图像区域的颜色和动态属性分布而选择的特征序列及组合对火焰的探测起着非常重要的作用。原始数据分布、Relief、主元分析反映了各特征对分类检测贡献的一致性，通过彩色变换和合理选择方法得到的少量特征具备良好而快捷的辨识能力，如果通过暗通道优先的方法对探测得到的火焰区域做进一步的验证将明显提高火焰探测系统的鲁棒性。

6. 基于协方差的火焰时空融合信息计算与分类

将划分为时空域方块中的帧间颜色、空间纹理分布和运动属性组合成协方差描述子融合特征，将火焰区域的颜色、空间关系和时域信息通过区域的协方差描述子表示为综合的矢量特征，通过黎曼流形距离、对数欧式距离和支持向量机等达到对协方差的融合特征进行准确度量和分类。

协方差矩阵描述子是模拟火焰的颜色、空间和时频信息的紧凑特征向量，用于检测火焰区域的颜色、空间关系、纹理和动态性能。对图像区域块的协方差矩阵描述如下：

$$\hat{\Sigma} = \frac{1}{S-1}\sum_i \sum_j (\Phi_{i,j} - \overline{\Phi})(\Phi_{i,j} - \overline{\Phi})^{\mathrm{T}} \tag{2-68}$$

其中，$\overline{\Phi} = \dfrac{1}{S}\sum_i \sum_j \Phi_{i,j}$。

方程中的 S 是时空块的像素总数，$\Phi_{i,j}$ 是像素 $P_{i,j}$ 在 (i,j) 位置的一个特征属性向量。特征属性向量 $\Phi_{i,j}$ 包括像素的亮度值、各颜色通道的分量和其一、二阶导数和对时序运动的导数值等，通过使用这些不同特征属性的协方差描述子表述图像区域的各变量和变量间的相互关系。协方差矩阵的上三角矩阵元素各值构成一个给定图像区域的融合特征向量。

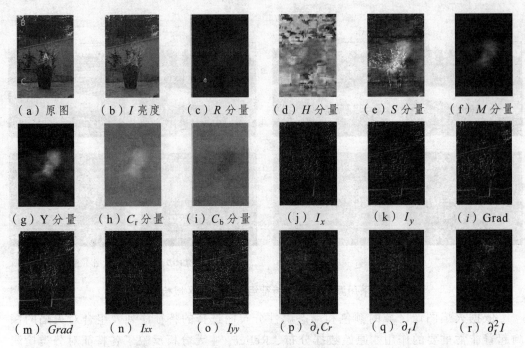

（a）原图　　（b）I亮度　　（c）R分量　　（d）H分量　　（e）S分量　　（f）M分量

（g）Y分量　　（h）C_r分量　　（i）C_b分量　　（j）I_x　　（k）I_y　　（l）Grad

（m）$\overline{Grad}$　　（n）I_{xx}　　（o）I_{yy}　　（p）$\partial_t C_r$　　（q）$\partial_t I$　　（r）$\partial_t^2 I$

图 2.32　视频图像中各特征分量图像构成

图 2.32 显示了视频图像中拟采用的各特征分量构成，图中上部分表示图像在各彩色空间的各分量分布，显然在 RGB 彩色空间的各颜色分量是线性相关的，火焰和非火焰区域没有明显的区别。在 HSV 彩色空间的各颜色分量基本是线性无关的，特别是在 S 通道上，火焰和非火焰区域存在一定的区别。在 CMYK 彩色空间的 M、Y 颜色分量将火焰和非火焰区域较好地区别开来，在 YC_rC_b 彩色空间的 C_r 和 C_b 通道将火焰和非火焰区域清晰地区别开来，且它们呈现亮和暗的影像对比，利用条件 $(C_r-C_b)>C_T$ 将获得更为稳定的疑似火焰区域。在 CMYK 彩色空间的 M、Y 颜色分量和 YC_rC_b 彩色空间的 C_r、C_b 和 Y 颜色分量都能将火焰和非火焰区域较好地区别开来，考虑到彩色空间转换的耗时性而只采用 YC_rC_b 空间的各通道颜色特征。

一图像区域的空间分布特性和跳跃的时频特性可借助像素点在空间和时序间的导数来进行统计分析和描述，即描述一个局部视频区域广义平稳过程的随机变化。图 2.32 中下部分表示实验视频的第 423 帧到 427 帧图像在空间和时序上的动态变化特征，用 $I(x,y,i)$ 表示第 i 个图像帧在点 (x,y) 的像素亮度，$I_{xx}(x,y,i)$ 表示亮度在水平方向二阶微分在空域的动态特性，各方向上的边缘信息可用图像梯度幅值 Grad 信息综合表现之，而用时空块的前后分界帧的平均梯度幅值 $\overline{Grad}$ 更能反映火焰边缘的变化。采用 $\partial_t I$ 和 $\partial_t^2 I$ 表示亮度在帧间的微分以描述表示火焰闪烁的时频特性，它能描述火焰与背景的动态关系，结合 C_r 和 C_b 等就可排除微动的树叶等对特征稳定的影响，且从根本上排除了火焰颜色与类似的黄红色墙体、地面颜色的混淆而引起的特征干扰，$\partial_t C_r$ 表示 C_r 颜色通道在帧间的微分以描述表示呈火焰色的区域闪烁的时频特性，由于 C_r 区域本身就比较平滑均匀，故 $\partial_t C_r$ 的值一般都比较小。考虑到火焰区域单个像素特性在时序上的变化性而取空间特征为时空块的前后分界帧的相应特征平均值而具备更合理的统计属性，而火焰区域特征如 C_r 的整体平稳性由协方差矩阵本身的统计运算而确定，用于实验的描述区域颜色、纹理、轮廓和运动特征按以下方程获得：

$$\overline{C_r} = \frac{1}{2}(C_r(x,y,t_{i-(k/2)}) + C_r(x,y,t_{i+(k/2)})) \tag{2-69}$$

$$\overline{C_b} = \frac{1}{2}(C_b(x,y,t_{i-(k/2)}) + C_b(x,y,t_{i+(k/2)})) \tag{2-70}$$

$$\overline{Y} = \frac{1}{2}(Y(x,y,t_{i-(k/2)}) + Y(x,y,t_{i+(k/2)})) \tag{2-71}$$

$$\overline{R} = \frac{1}{2}(R(x,y,t_{i-(k/2)}) + R(x,y,t_{i+(k/2)})) \tag{2-72}$$

$$\overline{G} = \frac{1}{2}(G(x,y,t_{i-(k/2)}) + G(x,y,t_{i+(k/2)})) \tag{2-73}$$

$$\overline{Grad} = \frac{1}{2}(Grad(x,y,t_{i-(k/2)}) + Grad(x,y,t_{i+(k/2)})) \tag{2-74}$$

$$\partial_t = |I(x,y,t_{i-(k/2)}) - I(x,y,t_{i+(k/2)})| \tag{2-75}$$

$$\partial_t^2 I = |I(x,y,t_{i-(k/2)}) - 2\times I(x,y,t_i) + I(x,y,t_{i+(k/2)})| \tag{2-76}$$

上述公式中的 k 表示在时频上截取的间隔，即 K 帧图像中取大小为 $M\times N$ 像素区域为一个时空块。图 2.33 是基于上述空域和时域特征的两个火焰和两个非火焰区域协方差算子的分布与比较，含运动火焰图像取自类似图 2.1(a)的火焰区域部分，含微运动非火焰图像取自类似图 2.32(a)的草地和地面区域部分，含运动非火焰图像取自类似图 2.32(a)的被风吹动的微动树枝部分。

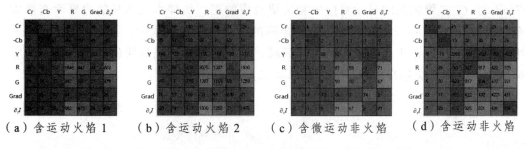

（a）含运动火焰 1　　（b）含运动火焰 2　　（c）含微运动非火焰　　（d）含运动非火焰

图 2.33　基于空域和时域特征的火焰和非火焰区域协方差分布与比较

图 2.33(a)、2.33(b)取自如图 2.5 所示的含火焰区域的多帧图像，其表达帧间火焰区域运动的方差 $\partial_t I$ 都比较大，C_r 和 $-C_b$ 的方差都比较大，一般来说其红色、绿色和梯度方差也比较大，火焰的 C_r、$-C_b$ 和亮度 Y 呈正向递增关系且相关各值都比较大，由于在时序上的火焰中心区域的 C_r、$-C_b$ 表现得比较平稳，表达帧间运动属性的 $\partial_t I$ 与 C_r、$-C_b$ 并不呈现为正向关系，而表现空间边缘动态变化关系的 $Grad$ 与 C_r、$-C_b$ 呈正向递增关系，火焰区域的亮度 Y 的方差跟亮度 Y 与 C_r 和 $-C_b$ 的相关系数算子比值在 1~4 倍，说明火焰区域的亮度 Y 与 C_r 和 $-C_b$ 表现为正向递增关系。

图 2.33(c)，图 2.33(d)取自如图 2.32(a)所示的下部无火焰偏红色地面及草地和上部与天空交界的移动树枝区域的多帧图像的协方差表示，含微运动的非火焰区域的 $\partial_t I$ 方差及与其他特征的相关系数算子都比较小，这些属性来自于摄像机微动、风和气浪的微动和光亮的帧间微差产生的，非火焰区域的 C_r、$-C_b$ 方差一般都比较小，而表达帧间非火焰区域运动的方差 $\partial_t I$ 在偏红色地面及草地区域比较小，而在与天空交界的移动树枝区域方差 $\partial_t I$ 比较大，无火焰且在时序上前景变化不大的区域的所有协方差描述子都表现为比较小的值，无火焰且在时序上前景变化大的区域的左上部协方差描述子表现为比较小的值，而右下部协方差描述子表现为比较大的值，非火焰区域的亮度 Y 的方差跟亮度 Y 与 C_r 和 $-C_b$ 的相关系数算子比值在 10~60 倍，说明非火焰区域的亮度 Y 与 C_r 和 $-C_b$ 基本上没有关系，测试区域亮或暗都包含非常低的 C_r 和 $-C_b$ 属性。

图 2.33(a)、（b）、（c）、（d）中的 R 和 G 特征的方差及与其他特征的相关性算子值具有对自然环境中的火焰和非火焰样本的模糊性和二义性，如四个矩阵的最后一行中的 C_r、$-C_b$ 和 $\partial_t I$ 相互间的比值几乎一样，说明图像帧间运动特征 $\partial_t I$、R 和 G 特征的相互影响的程度和方向在火焰和非火焰样本上没有明确的界定。

图 2.33 中的协方差矩阵中对角线上的值表示每个独立的特征属性，表示着这个特征在区域中分布变化的程度，而非对角线上的值代表着每两个特征间的关联，每两个特征间的相关值比较当然选择火焰特征较明显的 C_r 或者 $\partial_t I$ 作为特征之一。图 2.34 是部分特征值间的方差对应于 100 个正负样本的关联值分布比较，图 2.34（a）、（b）、（d）的纵坐标是 C_r，图 2.34(c)的纵坐标是 $\partial_t I$，"×"表示正样本，"o"表示负样本。其中 $\partial_t I$ 与 C_r、Y 与 C_r 二维关系图显示 $\partial_t I$、Y 与 C_r 的方差对应的相关值对应于的正、负样本具备明显的边界，且有明显的关联特征值群聚类中心，而 R 与 $\partial_t I$、$Grad$ 与 C_r 二维关系图显示对应的相关值对应的正、负样本无明显的边界而交错排布，故 R 或 $Grad$ 特征不宜作为协方差矩阵的一个特征而被采用，主要原因是独立采用的 R 色广泛分布于火焰或者非火焰区域，单帧图像中火焰透明的区域与复杂轮廓梯度变化的背景交错在一起，它们都具备二义性。

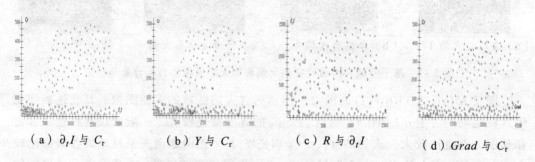

（a）$\partial_t I$ 与 C_r　　　（b）Y 与 C_r　　　（c）R 与 $\partial_t I$　　　（d）$Grad$ 与 C_r

图 2.34　每两特征方差对应的正、负样本关联值的分布

从分析数据可知，有些特征对火焰区域的特异性有较强的描述，而有些特征对火焰和非火焰属性表达有模糊和交错的边界。在颜色空间的选择上，YCrCb 比 RGB

具备对火焰区域更多的可分性，且火焰和非火焰区域在 C_r 通道具备各自连通区域的均值性，且它们的边界明显，灰度值对时间序列的二阶导数可将运动区域与背景明显划分开来，各特征的组合将达到不同的分类效果。

$$\Phi_1 = [C_r \quad C_b \quad I \quad I_x \quad I_y \quad I_{xx} \quad I_{yy} \quad \partial_t I \quad \partial_t^2 I]^T \tag{2-77}$$

$$\Phi_2 = [\overline{C_r} \quad \overline{C_b} \quad \overline{Y} \quad \overline{R} \quad \overline{G} \quad \overline{Grad} \quad \partial_t I]^T \tag{2-78}$$

$$\Phi_3 = [C_{r\max} \quad C_{b\min} \quad \overline{R} \quad I_{\max} \quad \partial_t I]^T \tag{2-79}$$

$$\Phi_4 = [C_{r\max} \quad C_{b\min} \quad \overline{\Delta RB} \quad I_{\max} \quad \partial_t I]^T \tag{2-80}$$

Φ_1 的特征组合方式包含颜色信息、亮度信息和空间梯度分量信息和两个帧间运动信息。Φ_2 的特征组合方式在 Φ_1 的基础上将各方向上的边缘信息合并为总体梯度信息，考虑到火焰的颜色主要反映在红色和绿色上而引入它们，并将两个动态特性用图像帧间的灰度的一阶导数代替 Φ_3 的特征组合方式在 Φ_2 的基础上排除了梯度特征对火焰分类的二义性。特征组合方式不同，则用于分类的协方差矩阵描述子的个数和运算效率也不同，如 Φ_1 采用 2 个颜色信息和 7 个纹理、轮廓和动态信息作为一个整体矩阵描述时空块中的属性共包括$(9 \times 10) \times 0.5 = 45$ 个的协方差元素计算。如 Φ_4 的组合方式采用 3 个颜色信息、1 个亮度信息和 1 个帧间动态信息作为一个整体矩阵描述时空块中的属性共包括$(5 \times 6) \times 0.5 = 15$ 个的协方差元素计算。Φ_4 的组合方式引入的 $\overline{\Delta RB}$ 考虑了火焰区域红色比蓝色分量大的特性并排除了 Φ_3 中的 R 特征对火焰分类的二义性。$I_{\max}$ 考虑了火焰区域每个像素的亮度跳跃和呈现高值的特性，每个特征都考虑了时空块分界帧的共同统计属性，Φ_4 中具体各特征的描述如下：

$$C_{r\max} = \operatorname{Max}((C_r(x,y,t_{i-(k/2)}), C_r(x,y,t_{i+(k/2)})) \tag{2-81}$$

$$C_{b\min} = \operatorname{Min}((C_b(x,y,t_{i-(k/2)}), C_b(x,y,t_{i+(k/2)})) \tag{2-82}$$

$$\overline{\Delta RB} = (R(x,y,t_{i-(k/2)}) - B(x,y,t_{i-(k/2)})) \\ + (R(x,y,t_{i+(k/2)}) - B(x,y,t_{i+(k/2)})) \tag{2-83}$$

$$I_{\max} = \operatorname{Max}(I(x,y,t_{i-(k/2)}), I(x,y,t_{i+(k/2)})) \tag{2-84}$$

$$\partial_t = \left| I(x,y,t_{i-(k/2)}) - I(x,y,t_{i+(k/2)}) \right| \tag{2-85}$$

检测视频中是否包含火焰区域就是计算火焰样本区域和候选区域的协方差矩阵之间的距离，其计算效率取决于算子的组合和距离函数的选择。实际测试中对于两个协方差矩阵的测地线采用对数欧式距离作为两协方差矩阵的相似性的快速度量，即先对两个协方差矩阵各元素取对数，再计算它们之间的欧式距离。对数据取对数不具有仿射不变性却具有比例和正交变换不变性，它不会改变数据的性质和关系，且所得的数据场易消除异方差问题，使数据更平稳，计算对数欧式距离的方程为：

$$\rho(c_1, c_2) = \left\| \log C_1 - \log C_2 \right\|_F \tag{2-86}$$

其中，$\|\|_F$ 表示取矩阵的 Frobenius 范数，其值综合了矩阵中各元素对欧式距离的影响，

考虑到协方差矩阵中正、负数反映的是各变量间的关系，故需对各区间段的数据按下式作拉伸处理：

$$\log(C_{i,j}) = \begin{cases} \ln(C_{i,j}), & C_{ij} > 0 \\ -\ln(-C_{i,j}), & C_{ij} < 0 \end{cases} \qquad (2\text{-}87)$$

在同一分类量纲条件下，稳定的黎曼流形距离范围是一个系统稳定性和精确性的度量。图 2.35、2.36 是实验得到的在不同特征组合条件下各特征对协方差矩阵间的距离影响关系图。图 2.35 对应于 Φ_4 组合，图 2.36 对应于 Φ_3 组合。每个分组合为消除一个特征后模板样本与火焰区域的距离分布。棒形图的左边对应图 2.35 中所有矩形火焰区域都能识别的距离变化范围，其棒形图高度范围越大表示对火焰区域都能识别的分类距离阀值变化越大，系统识别精确度和鲁棒性越高。棒形图的右边对应在无虚报警条件下，图 2.36 中所有火焰区域都能被识别（上界）和起码有一个火焰区域被识别（下界）的距离变化范围，其棒形图高度范围越大表示无虚报警的条件下，系统起码能感知帧中含火焰区域的能力越强。图 2.36 表明具备火焰区域共性的时频 $\partial_t I$、亮度变化 $I_{\max}$ 和 $\overline{C_r}$ 特征对 Φ_4 组合的所有火焰区域都能被识别的能力影响最大，$\overline{C_b}$ 对其影响能力最小，同时这些特征也按这个比例顺序对无或少虚报警系统能感知帧中含火焰区域的能力施加影响。图 2.36 的 Φ_3 组合是用红色 $\overline{R}$ 代替 Φ_4 中的 $\overline{\Delta RB}$，由于单独红色 $\overline{R}$ 特征的引入产生了局部属性的二义性，使得整个距离棒形图的高度范围都被压缩，即系统识别精度和抗虚报警的能力降低。如果用独立的 $\overline{R}$ 或者 $\overline{Grad}$ 特征代替 Φ_4 组合中火焰特异性能表现突出的 $\partial_t I$ 或者 $\overline{C_r}$，将使系统的识别精度和抗虚报警的能力明显降低。

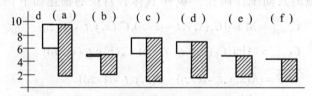

（a）全部（b）去 $\overline{C_r}$（c）去 $\overline{C_b}$（d）去 $\overline{R}$（e）去 $I_{\max}$（f）去 $\partial_t I$

图 2.35　Φ_4 组合中各特征对分类距离的影响

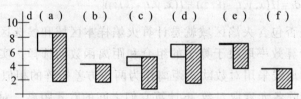

（a）全部（b）去 $\overline{C_r}$（c）去 $\overline{C_b}$（d）去 $\overline{\Delta RB}$（e）去 $I_{\max}$（f）去 $\partial_t I$

图 2.36　Φ_3 组合中各特征对分类距离的影响

选择好合理特征组合的情况下，需要对已知类别的以这些特征矢量表示的样本进行训练，火焰探测实验的视频数据取自于火灾监控现场摄制的包含火焰和非火焰的视频，训练的正、负样本采用一定时序间隔的相邻图像帧作为一组。而对于强太阳光下的野外森林图像一般都呈泛白基调，需要采用 CMYK 或 YC_rC_b 彩色空间的颜色特征才能分辨出火焰区域。视野较远的视频剪辑提取的时空块大小为 $8×8×F_{rate}$，视野较近的截取的时空块尺寸将逐步增大，训练测试视频帧中的速率参数 F_{rate} 采用 8 到 25，将正、负样本相应协方差算子的平均值或者特征聚类中心值作为对比模板的特征参数。

表 2.5 显示了采用不同个协方差特征参数和不同分类器组合的火焰正确识别率和分类时间性能比较，用流曼测地距离与欧式对数距离对协方差矩阵进行度量，前者表现为更精确的分类精度，而后者表现为更高的计算效率，因此适应在实时火灾探测系统中应用。在实验中选取一段 100 帧的图片，考虑权衡各种因素而主要采用 $Φ_4$ 特征组合方式的 15 个 CMD 用于模型的训练与各种分类方法比较，空域上的搜索矩形为 16×16。图 2.37(a)是遴选出的在时频上变化和空域上呈火焰颜色的疑似火焰区域。2.37（b）是 $Φ_3$+对数距离的探测结果，由于引入了有二义性的 $Grad$ 和 R 特征，使得与火焰正样本的 $Grad$ 和 R 基本一致的非火焰区域也被检测为火焰区域，图 2.37(c)显示 $Φ_4$+对数距离组合的探测结果。图 2.37(d)显示 $Φ_4$+SVM-RBF 组合表现为更精确的探测结果。

表 2.5 用不同特征和分类器的火焰正确识别率和分类时间性能比较

分类与特征组合	正检率帧 /%	误检率帧 /%	运行时间/s（每 100 帧）	
			不加遴选	加遴选
对数距离+15CMD 特征（$Φ_3$组合）	96.3	6.3	4.3	1.21
对数距离+15CMD 特征（$Φ_4$组合）	99.1	0.01	3.6	0.91
测地距离+15CMD 特征（$Φ_4$组合）	99.1	0.05	4.4	1.11
SVM-Linear+15CMD 特征（$Φ_4$组合）	99.2	0.06	3.5	0.90
SVM-RBF+15CMD 特征（$Φ_4$组合）	99.8	0.05	3.6	0.90

（a）遴选的疑似区域　（b）$Φ_2$+对数距离　（c）$Φ_4$+对数距离　（d）$Φ_4$+SVM-RBF

图 2.37　采用协方差特征组合对火焰区域的检测结果

综上所述，基于协方差矩阵的算子可融合视频火灾探测中的各种特征，在对协方差矩阵的表达类别的判断过程中，通过黎曼距离的变化分析来调整特征选择和组合方式可极大提高系统的运行效率。时空块的前后分界帧的空域均值特征的应用更能反映火焰区域的特异性，在 YC_rC_b 或者 CMYK 空间的火焰的特异性及火焰在帧间的时序运动特性的融合和统计分析，使协方差方法更适合于描述火焰呈现的随机闪烁特性和不同光照条件的场景视频检测，实验验证合理的特征组合构成的协方差矩阵描述子具有良好而快捷的火焰区域分辨能力。

第3章 基于统计方法的火焰和烟雾区域分类

3.1 贝叶斯决策概述

贝叶斯决策是最基本的统计模式分类方法。它根据各种事件发生的先验概率求得后验概率，以此进行决策。为了减少这种决策的风险，采用科学实验、调查和统计分析等方法可获得较为准确的事件信息以修正其先验概率。

贝叶斯决策对信息的价值或是否需要采集新的信息做出基于统计的判断，这样可排除不完备的信息或主观概率而产生的决策错误，它对判断结果的可能性加以数量化的评价，能比较客观而适当地反映出事物本质特性，它还通过信息的更新使得决策逐步完善和准确。

3.1.1 贝叶斯决策方法

已知有 M 类物体和这些类在 d 维特征空间的统计分布，即已知各类别 $\omega_i = 1,2,...,M$ 的先验概率及类条件概率密度，对于待测样品，贝叶斯公式可以计算出该样品属于各类别的概率，即可计算出其表示识别对象归属的后验概率，待测样品特征 X 属于哪个类的可能性最大，就将 X 归属于可能性最大的那个类。如 M 类 ω_i 是互斥完备的，贝叶斯公式表达如下：

$$P(\omega_i|X) = P(X|\omega_i)P(\omega_i)\bigg/ \sum_{j=1}^{M} P(X|\omega_j)P(\omega_j) \qquad (3\text{-}1)$$

贝叶斯公式描写了先验概率、类条件概率密度和后验概率的相互关系，它表明虽然被识别对象的类别归属状态是一个随机的量，而由于对象所附特征 X 的一些统计信息使得它出现的概率是可估计的。

先验概率 $P(\omega_i)$ 是相对于 M 类事件出现的可能性而言的，它并不考虑其他任何条件。如对于一个两类问题，用统计计算得到事件总数为 n，出现事件 A 的次数为 n_1，出现事件 B 的次数为 n_2，则事件 A 和事件 B 的先验概率 $P(\omega_i)$ 分别为：

$$P(\omega_1) = n_1 / n \qquad (3\text{-}2)$$

$$P(\omega_2) = n_2 / n \qquad (3\text{-}3)$$

$P(\omega_1)$ 和 $P(\omega_2)$ 只表达了在一般情况下，事件 A 和事件 B 发生的可能性大小，如 $P(\omega_1) > P(\omega_2)$，表明事件 A 比事件 B 发生的可能大，但不能依此而将所有被识别对象

归属于类 A，它仍然不能区分待识别对象为哪个类。类条件概率密度 $P(X|\omega_i)$ 是指在已知某类别的空间里，出现特征值 X 的概率密度，它描述 ω_i 类样品中，其特征 X 的分布情况。

考虑到工程应用问题中，统计数据一般都满足正态分布，正态分布在物理上是合理和广泛的。正态分布在数学处理上比较简单，$N(\mu,\sigma^2)$ 只包含均值和方差两个参数。采用正态分布函数作为类条件概率密度的函数形式，可通过大量样品对函数内的期望和方差进行估计而得到，便于确定类条件概率密度 $P(X|\omega_i)$。

单变量的正态概率密度函数形式为：

$$P(x) = \frac{1}{\sqrt{2\pi}\sigma}\exp\left[-\frac{1}{2}\left(\frac{x-\mu}{\sigma}\right)^2\right] = N(\mu,\sigma^2) \qquad (3\text{-}4)$$

其中，μ 为均值或数学期望，其定义为：

$$\mu = E(x) = \int_{-\infty}^{\infty} xP(x)dx \qquad (3\text{-}5)$$

σ^2 为方差，其定义为：

$$\sigma^2 = E\left[(x-\mu)^2\right] = \int_{-\infty}^{\infty}(x-\mu)^2 P(x)dx \qquad (3\text{-}6)$$

概率密度函数应满足下列关系：

$$\begin{cases} P(x) \geqslant 0, (-\infty < x < \infty) \\ \int_{-\infty}^{\infty} P(x)dx = 1 \end{cases}$$

多维变量的正态概率密度函数形式为：

$$P(x) = \frac{1}{(2\pi)^{n/2}|S|^{1/2}}\exp\left[-\frac{1}{2}\left(X-\overline{\mu}\right)^T S^{-1}\left(X-\overline{\mu}\right)\right] \qquad (3\text{-}7)$$

其中，$X = (x_1, x_2, ..., x_n)^T$ 为 n 维特征向量；$\overline{\mu} = (\mu_1, \mu_2, ..., \mu_n)^T$ 为 n 维均值向量；S 为 $n \times n$ 维协方差矩阵，$S = E\left(\left(X-\overline{\mu}\right)\left(X-\overline{\mu}\right)^T\right)$；$S^{-1}$ 是 S 的逆矩阵；$|S|$ 是 S 的行列式。

若类条件概率密度 $P(X|\omega_i)$ 采用多维变量的正态概率密度函数来表示，则 $P(X|\omega_i)$ 可表示为：

$$P(x|\omega_i) = \frac{1}{(2\pi)^{n/2}|S_i|^{1/2}}\exp\left[-\frac{1}{2}\left(X-\mu_i\right)^T S_i^{-1}(X-\overline{\mu}_i)\right]$$

$$= \ln\left\{\frac{1}{(2\pi)^{n/2}|S_i|^{1/2}}\exp\left[-\frac{1}{2}\left(X-\overline{\mu}_i\right)^T S_i^{-1}(X-\overline{\mu}_i)\right]\right\} \qquad (3\text{-}8)$$

$$= -\frac{1}{2}\left(X-\overline{\mu}_i\right)^T S_i^{-1}(X-\overline{\mu}_i) - \frac{n}{2}\ln 2\pi - \frac{1}{2}\ln|S_i|$$

在得到先验概率 $P(\omega_i)$ 和类条件概率密度 $P(X|\omega_i)$ 后，就可计算后验概率 $P(\omega_i|X)$，它表示样品呈现 X 特征状态时，该样品属于各类别的概率。一个样品的特征 X 可能在 M 类中全部或者部分有所表现，而它在 $\omega_i=1,2,...,M$ 类中各自表现的可能性就用 $P(X|\omega_i)$ 来表示，用贝叶斯公式表达的后验概率为：

$$P(\omega_i|X)=P(X|\omega_i)P(\omega_i)\bigg/\sum_{j=1}^{M}P(X|\omega_j)P(\omega_j) \tag{3-9}$$

后验概率表示一个条件概率，它表示样品在特征 X 呈现的情况下，属于 ω_i 类的可能性，依此可以估算出具有一定特征 X 的待测样品所属的类别。

如在野外森林图像分析中，要对区域判断为是否为火焰类别，即识别出火焰区域类 ω_1，还是属于背景区域类 ω_2，这是一个二类问题，将待识别帧图像经预处理为二值连通图像，抽取出各连通体的三个特征：面积 x_1、周边复杂度 x_2 和颜色分布特性 x_3，它们组成特征向量 X(或称为模式 X)，现在要识别模式 X 属火焰类 ω_1 还是非火焰类 ω_2，一般来说，如果模式 X 属火焰区域类 ω_1 的概率大于模式 X 属非火焰区域类 ω_2 的概率，则决策模式 X 是属火焰区域类 ω_1。否则，如果模式 X 属火焰区域类 ω_1 的概率小于模式 X 属非火焰区域类 ω_2 的概率，则决策模式 X 属非火焰区域类 ω_2。用数学公式表示为：

$$若\ P(\omega_1|x)\begin{array}{c}>\\<\end{array}P(\omega_2|x)，则：x\in\begin{array}{c}\omega_1\\\omega_2\end{array} \tag{3-10}$$

其中，条件概率 $P(\omega_i|x)$ 称为状态的后验概率。

利用贝叶斯公式：$P(\omega_i|x)=P(x|\omega_i)P(\omega_i)/P(x)$

上面的决策规则可改写为：

$$若\ P(x|\omega_1)P(\omega_1)\bigg/P(x)\begin{array}{c}>\\<\end{array}P(x|\omega_2)P(\omega_2)\bigg/P(x)\ 则：x\in\begin{array}{c}\omega_1\\\omega_2\end{array} \tag{3-11}$$

其中，$P(x)>0$，将不等式两边的分母消去，决策规则又可改写为：

$$若\ P(x|\omega_1)P(\omega_1)\begin{array}{c}>\\<\end{array}P(x|\omega_2)P(\omega_2)\ 则：x\in\begin{array}{c}\omega_1\\\omega_2\end{array} \tag{3-12}$$

其中，$P(\omega_1|x)$ 是 ω_1 类下模式 x 的类条件概率密度，$P(\omega_2|x)$ 是 ω_2 类下模式 x 的类条件概率密度。

这样，最小错误率贝叶斯决策有两种形式，一种是后验概率形式，即：

$$若\ P(\omega_1|x)\begin{array}{c}>\\<\end{array}P(\omega_2|x)，则：x\in\begin{array}{c}\omega_1\\\omega_2\end{array}$$

另一种是类条件概率密度形式：

$$若\ P(x|\omega_1)P(\omega_1)\begin{array}{c}>\\<\end{array}P(x|\omega_2)P(\omega_2)，则：x\in\begin{array}{c}\omega_1\\\omega_2\end{array}$$

如用下列函数

$$g(x) = g1(x) - g2(x) = P(x|\omega_1)P(\omega_1) - P(x|\omega_2)P(\omega_2)$$ （3-13）

表示判别规则，则两类问题的贝叶斯分类器的结构如图 3.1 所示。

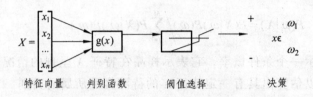

图 3.1 两分类问题贝叶斯分类器的结构

由两类问题推广到 M 类情况，最小错误率贝叶斯决策规则为：

（1）后验概率形式：

若　　　　　$P(\omega_i|x) > P(\omega_j|x), \quad j = 1, 2, \cdots, M, j \neq i$ （3-14）

则　　$x \in x_i$

（2）类条件概率密度形式：

若　　　　　$P(x|\omega_i)P(\omega_i) > P(x|\omega_j)P(\omega_j)$ （3-15）

则　　$x \in x_i$

应用贝叶斯决策规则对模式 x 进行分类的分类器称为贝叶斯分类器。对于 M 类分类问题，按照决策规则可以把特征向量空间分成 M 个决策域。我们将划分决策域的边界称为决策边界，在数学上用解析形式可以表示成决策边界方程。用于表达决策规则的某些函数称为判别函数。判别函数与决策边界方程是密切相关的，而且它们都由相应的决策规则所确定。

对于 M 类分类问题，通常定义 M 个判别函数 $d_i(x), i = 1, 2, \cdots, M$。对照两种形式的最小错误率贝叶斯决策规则，判别函数显然可定义为：

（1）$d_i(x) = P(\omega_i|x), i = 1, 2, \cdots, M$

（2）$d_i(x) = P(x|\omega_i)P(\omega_i), i = 1, 2, \cdots, M$

这样，决策规则可写为：

若 $d_i(x) > d_j(x), i = 1, 2, \cdots, M；\quad j \neq i$

则 $x \in x_i$

由此确定判别函数，相邻的两个决策域在决策边界上其判别函数值是相等的。如果决策域 R_i 与 R_j 是相邻的，则分割这两个决策域的决策边界方程应满足：$d_i(x) = d_j(x)$。一般地说，模式 x 为一维时，决策边界为一分界点；x 为二维时，决策边界为一曲线；x 为三维时，决策边界为一曲面；x 为 n 维（$n>3$）时，决策边界为一超曲面。

多类问题的贝叶斯分类器的结构如图 3.2 所示。

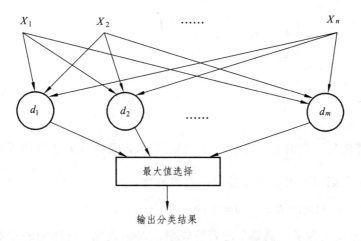

图 3.2 多类问题贝叶斯分类器的结构

该分类器先计算出 M 个判别函数 $d_i(x)$ 值，再从中选出对应于判别函数值为最大的类别作为分类结果。

3.1.2 基于贝叶斯决策的火焰分类方法

基于 Bayes 的火焰和烟雾区域识别系统工程文件在 "/程序/第 3 章/基于 Bayes 火焰和烟雾识别系统 /"目录中，通过调入工程文件"BayesDigitalRecongnization. dpr" 进行调试。

假设样品呈正态分布的最小错误的 Bayes 分类计算要复杂一些，需要求协方差矩阵 S 的逆矩阵和矩阵的行列式值。基于最小错误的 Bayes 分类对火焰区域识别的计算包括以下步骤：

（1）求出火焰区域的每一类别的样品的均值。

$$\overline{X}_i = \frac{1}{N_i}\sum_{j=1}^{N_i} X_{ij} = (\overline{x}_{i1}, \overline{x}_{i2}, \cdots, \overline{x}_{in})^{\mathrm{T}}, i = 0,1,2,\cdots,9 \tag{3-16}$$

式中，N_i 代表 w_i 类的样品个数；n 代表特征数目。

（2）求每一类的协方差矩阵。

$$s_{ik}^i = \frac{1}{N_i - 1}\sum_{l=1}^{N_i}(x_{lj} - \overline{x}_j)(x_{lk} - \overline{x}_k), j,k = 1,2,\cdots,n \tag{3-17}$$

式中，l 代表样品在 w_i 类中的序号，其中 $l = 0,1,2,\cdots,N_i$。

x_{lj} 代表 w_i 类的第 l 个样品，第 j 个特征值。

$\overline{x}_j$ 代表 w_i 类的 N_i 个样品第 j 个特征的平均值。

x_{lk} 代表 w_i 类的第 l 个样品，第 k 个特征值。

$\overline{x}_k$ 代表 w_i 类的 N_i 个样品第 k 个特征的平均值。

w_i 类的协方差矩阵为：

$$S_i = \begin{bmatrix} s_{11}^i & s_{12}^i & \cdots & s_{1n}^i \\ s_{21}^i & s_{22}^i & \cdots & s_{2n}^i \\ \vdots & \vdots & & \vdots \\ s_{n1}^i & s_{n2}^i & \cdots & s_{nn}^i \end{bmatrix}$$

（3）计算出每一类的协方差矩阵的逆矩阵 S_i^{-1} 以及协方差矩阵的行列式 $|S_i|$ 。

（4）求出火焰和非火焰区域各类的先验概率。

$$P(w_i) \approx N_i/N , \quad i = 0,1,2,\cdots,9 \qquad （3\text{-}18）$$

其中，$P(w_i)$ 为类别为某一类别 i 的先验概率；N_i 为类别 i 在库中的样本数；N 为库中的样本总数。

（5）根据样品先验概率、行列式、协方差矩阵的逆矩阵等求判别函数之值，判别函数的最大值所对应类别序号就是图像中该区域的类别。

$$h_i(X) = -\frac{1}{2}(X - \overline{X}_i)^T S_i^{-1}(X - \overline{X}_i) + \ln P(w_i) - \frac{1}{2}\ln|S_i| \qquad （3\text{-}19）$$

运行基于最小错误的 Bayes 分类对火焰区域识别的子程序时，通过用鼠标点击监控画面，以该点击点的左下角矩形范围区域的类型便已分类，火焰为"0"类，如图 3.3 所示。

图 3.3　基于 Bayes 火焰和烟雾探测主界面

3.2　K 最近邻分类算法概述

K 最近邻算法（K-Nearest Neighbor algorithm）简称为 KNN。算法认为，如果有

一个待检样本在特征空间中的 k 个最相似（即特征空间中最邻近）的样本中的大多数属于某一个 I 类别，则该测试样本就属于这个类别 I。KNN 分类方法在类别决策时与极少量的相邻样本有关，这样可以较好地避免样本的不平衡问题。K 最近邻分类算法是一种基于类比的学习算法，它更适用于类域的交叉或重叠较多的待分样本的分类。

3.2.1　K 最近邻分类方法

KNN 分类法在评价样本间的相似性时主要采用欧几里得距离法、夹角余弦法等。计算样本间欧氏距离的计算公式为：

$$d(X,Y) = \sqrt{\sum_{i=1}^{n}(x_i - y_i)^2} \tag{3-20}$$

其中 $X=(x_1,x_2,\cdots x_n)$ 和 $Y=(y_1,y_2,\cdots y_n)$ 代表待分类样本数据与某一已知样本中的数据，n 为样本特征属性的个数。假设在 N 个已知样本中，来自 ω_1 类的样本有 N_1 个，来自 ω_2 类的样本有 N_2 个，来自 ω_c 类的样本有 N_c 个，计算待分类样本与已知样本的特征属性的欧氏距离，若 k_1，k_2，$\cdots$，k_c 分别是 x 的 k 个近邻中属于 $\omega_1,\omega_2,\cdots,\omega_c$ 类的样本数，则可以定义判别函数为：$g_i(x)=k_i, i=0,1,2,\cdots,c$，决策规则为：若 $g_j(x) = \max_{i=1}^{c} g_i(x)$，则决策 $x\in \omega_j$。

由于 KNN 方法主要依据周围有限的邻近样本而不是靠判别类域的方法来确定所属类别的，对每一个待分类的样本都要计算它到全部已知样本的距离，才能求得它的 K 个最近邻点，KNN 算法在计算任意点 p 到样本点最近的 k 个距离时，需要大量的计算，KNN 算法的时间复杂度为 $O(n\times n)$，空间复杂度为 $O(n)$。KNN 方法是一种典型而简单的监督学习技术，用 KNN 的监督学习方法对图像进行分类时，需首先从原始图像中选取特定区域的部分像素并进行标记作为训练样本，利用这些训练样本对未分类区域像素进行分类。

KNN 分类方法可用图 3.4 来解释。黑色圆处在三角形和四边形中，如要确定图中的黑色圆要被决定赋予为哪个类，就取决于以黑色圆为中心的圆周范围的大小，如果最近邻数 $K=3$（即在实线圆范围内），由于红色三角形所占比例为 2/3，黑色圆将被赋予红色三角形那个类，如果在虚线圆范围内进行考察，则选择 $K=6$，由于蓝色四方形在圈定范围内所占的比例为 4/6，因此黑色圆被赋予为蓝色的四方形类。

根据学习方法可将分类算法大体划分为积极学习方法与消极学习方法两大类。积极学习方法是在对待分类样本进行分类前，预先构造一个模型，然后再利用这个模型对待分类样本进行分类决策。积极学习方法有决策树归纳、BP 神经网络和支持向量机等。积极学习方法从训练样本数据中提取出属性特征，根据属性特征来构造分类模型而形成分类器。当有新的待分类样本数据时，从待分类样本数据中抽取出与训练样本一致的属性特征并用已形成的分类器对待分类的样本进行分类。

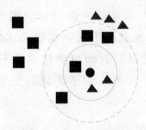

图 3.4　K 最近邻分类示意图

消极学习方法只存放所有已分类样本数据而事先并不对这些样本数据进行处理。当待分类的样本需要分类时，才根据训练样本和待分类样本的关系而进行分类。消极学习的所有计算都是在对未分类样本进行分类时进行的。消极学习方法中常用的算法有 K 近邻算法、局部加权回归算法和基于案例的推理算法等，KNN 是一种无参数消极分类方法。KNN 的算法的主要优点是能够处理大量数据的分类，但是大量的数据运算必然降低了 KNN 算法的处理效率，有必要对算法进行改进以提高计算效率，如选择具有代表性的少量数据取代原来重复和杂乱的数据，事先对已知样本点进行剪辑，事先去除对分类作用不大的样本。

KNN 算法比较适用于样本容量比较大的类域的自动分类，对于那些样本容量较小的类域采用 KNN 算法比较容易产生误分类，在这种情况下常采用支持向量机或者随机决策森林数的分类方法。KNN 方法对于样本不平衡时，如一个类的样本数量很大，而其他类样本数量很小时，有可能导致当输入一个待识别样本时，该样本的 K 个邻居中在库中类的样本数量大的样本占多数，针对这种情况应采用权值平衡的方法，取样本距离小的数据点的权值大而进行改进。如野外森林图像的样本库中，火焰区域的样本数为中等，而野外森林背景图像千变万化而采用的样本数较多，烟雾区域较少，而烟雾区域的颜色和纹理与山中雾气的相关特征又比较相近，这时需要对烟雾区域的数据点采用比较大的权值。

3.2.2　基于 K 最近邻的火焰分类方法

基于 KNN 的火焰分类系统的软件模块包括图像输入模块、图像预处理模块、图像纹理计算模块、样本库建立模块、K 邻居最小距离计算分析模块。基于 KNN 的火焰区域分类系统在"/程序/第 3 章/基于 KNN 的火焰区域分类系统/"目录中，通过调入工程文件"KNNFireClassfication.dpr"编译运行，基于 KNN 的火焰和烟雾区域分类实验界面如图 3.5 所示。测试数据和各训练数据的相似性主要通过对颜色 HSV 空间的 H、S、V 和 CMYK 空间的 M、K 的特征矢量进行距离计算得到。通过用鼠标点击监控画面，鼠标点附近的矩形范围区域与库中最相近的样本区域的距离和类型便可计算得到，如这 K 个样本中标识为火焰的"0"类较多，这时识别的区域就是火焰区域。

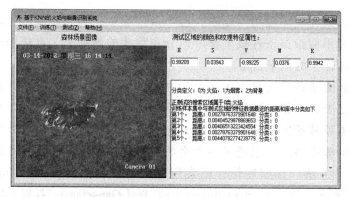

图 3.5　基于 KNN 的火焰区域分类系统的主界面

　　图像输入模块、图像预处理模块、图像纹理计算模块在其他章节有详细的介绍，这里主要介绍样本库建立模块和 K 邻居最小距离计算分析模块的设计。用于训练的火焰纹理样本采用零度方向的纹理特征，样本库文件名为"FirePattern.txt"，文件中数据行中第 1 列为分类号，分类约定为：0 为火焰、1 为烟雾、2 为背景，采用的定义区域特征的矢量长度为 5，其中数据行中第 1 列为 H，第 2 列为 S，第 3 列为 V，第 4 列为 M，第 5 列为 K。

　　训练数据的产生是通过计算已经知道分类的区域图像颜色特征参数，并按顺序文件加到 FireAndSmogPattern.txt 中，由于 KNN 是一种在线分类技术，这意味着新的数据可以在任何时候被添加和更新，这不同于 BP 神经网络等分类技术需在训练数据改变之后对分类器重新进行训练，当然通过传递学习的方法也能使分类器适应新的添加数据。而对于 KNN 分类而言，添加新的数据根本不需要进行任何的重新计算和整合，只要将数据添加到样本集合中即可。

3.3　类条件概率密度概述

　　由贝叶斯分类器的判别函数可知，只要知道先验概率和类条件概率密度就可以设计出一个贝叶斯分类器。而先验概率和类条件概率密度需要利用训练样本集的信息去估计。依据大数定理，当训练集中样本数量足够多且来自于样本空间的随机选取时，可以以训练样本集中各类样本所占的比例来估计先验概率的值，而类条件概率密度是以某种形式分布的概率密度函数，需要从训练集中样本特征的分布情况进行估计。概率密度常见的非参数估计方法有直方图法、最近邻法和核密度估计法等。

3.3.1　类条件概率密度的非参数估计方法

　　概率密度的估计方法可以分为参数估计和非参数估计。参数估计是先假定类条件概率密度具有某种确定的分布形式，如正态分布等，再用已经具有类别标签的训练集对概率分布的参数进行估计。参数密度估计方法要求特征空间服从一个已知的概率密度函数，但在实际应用问题中，这个条件很难达到。而概率密度非参数估计是在不明确或者不假设类条件概率密度的分布形式的基础上，直接用样本集中所包含的信息来估计样本的概率密度。

核密度估计方法是目前最通用的无参密度估计方法，核密度估计的原理和直方图技术有类似之处，它将一组采样数据的值域分成若干相等的区间，每个区间称为一个单元，数据就按照区间分为若干组，这样每组数据的个数与总数据个数的比率就是每个单元的概率值，它引进了一个平滑数据的核函数，是比直方图法更加平滑的一种无参估计方法。核密度估计所常用的核函数包括有均匀（Uniform）、三角（Triangle）、依潘涅契科夫（Epanechikov）、高斯（Gaussian）、双权（Biweight）、余弦弧（Cosinusarch）、双指数（Double Exponential）和双依潘涅契科夫（Double Epanechikov）。

考虑包含样本点 x 的一个区域 R，它的体积为 V，设有 n 个训练样本，其中有 k 个样本落在区域 R 中，则可对概率密度作出一个估计：

$$p(x) \approx \frac{k/n}{V} \tag{3-21}$$

也就是用 R 区域内的平均值来作为一个样本点的 x 估计。当 n 固定时，V 的大小对估计的效果影响很大，当 n 过大则平滑过多而不够精确，而过小则可能导致在此区域内无样本点。所以这种分类和跟踪方法的有效性取决于样本数量的多少以及区域范围选择的合理性。

构造一系列包含 x 的区域 $R_1, R_2, \cdots$，对应 $n=1,2,\cdots$，则对 $p(x)$ 有一系列的估计：

$$p_n(x) = \frac{k_n/n}{V_n} \tag{3-22}$$

当满足下列条件时，$p_n(x)$ 收敛于 $p(x)$。

$$\lim_{n \to \infty} V_n = 0$$

$$\lim_{n \to \infty} k_n \to \infty$$

$$\lim_{n \to \infty} \frac{k_n}{n} = 0$$

R 区域的选定包括两个途径，这主要包括 Parzen 窗法和 K 近邻法。Parzen 窗法设定区域体积 V 是样本数 n 的函数：

$$V_n = \frac{1}{\sqrt{n}} \tag{3-23}$$

而 K 近邻法设定落在区域内的样本数 k 是总样本数 n 的函数：

$$k_n = \sqrt{n} \tag{3-24}$$

如采用 Parzen 窗法，需要首先定义窗函数而定义其 R 区域。

$$\varphi(u) = \begin{cases} 1, & |u_j| \leqslant 1/2 \\ 0, & \text{其他} \end{cases} \qquad (3-25)$$

$$\varphi\left(\frac{x-x_i}{h_n}\right) = \begin{cases} 1, & |x_j - x_{ii}| \leqslant h_n/2 \\ 0, & \text{其他} \end{cases} \qquad (3-26)$$

$$V_n = h_n^d \quad \text{j}=1, L, d \qquad (3-27)$$

所以，由窗函数的定义得到概率密度函数的非参数估计为：

$$p_n(x) = \frac{1}{n} \sum_{i=1}^{n} \frac{1}{V_n} \varphi\left(\frac{x-x_i}{h_n}\right) \qquad (3-28)$$

3.3.2 基于类条件概率密度的火焰移动区域跟踪方法

基于类条件概率密度的非参数估计的一个应用是基于 Mean shift 的目标跟踪技术。Mean shift 算法是 Fukunaga 在 1975 年提出的一种类条件概率密度的非参数估计的应用方法，其含义是应用偏移的均值向量来跟踪像素群的移动。该算法利用检测区域目标灰度或者颜色直方图或者 SIFT 作为搜索特征，通过不断迭代 Mean Shift 向量使算法收敛于目标的真实位置，从而达到目标跟踪的目的。

在目标跟踪领域有很多不同的跟踪算法，如基于区域的跟踪算法、基于动态轮廓的跟踪算法、基于特征的跟踪算法等，它们各有各的优势和缺点。Mean Shift 跟踪算法的无参性和效率相对较高的特点，因此被广泛应用于实际工程领域。

由于直方图对特征表示和分类计算的简单性和稳定性，所以在 Mean Shift 算法中一般采用颜色直方图作为目标的特征描述。目标模板的颜色分布 q_u 可表示为：

$$q_u = C \sum_{i=1}^{n} k[\| (x-x_i) / h \|]^2 \delta(b(x_i) - u) \qquad (3-29)$$

其中，q_u 表示目标的颜色分布情况；C 为 q_u 的归一化常数；n 是模板中像素的数量；$k()$为核函数；x 是模板的中心位置，而 x_i 表示考察区域内不同像素在模板中的不同位置；h 为核函数带宽；$\delta(y)$是 Delta 函数，当 y 等于 0 时，其结果为 1，其他结果均为 0；$b(x_i)$表示模板中 x_i 位置处的像素颜色。

式(3-29)可以看做是原始目标的特征模型，候选目标特征模型相应地可以定义为：

$$p_u(y) = C \sum_{i=1}^{n} k[\| (y-x_i) / h \|^2] \delta(b(x_i) - u) \qquad (3-30)$$

其中，y 是候选目标模板的中心位置；x_i 表示像素在候选目标模板中的相应位置；其他参数与方程(3-29)中的相同。

这时实现跟踪的过程也就是要找出 y 在图像的哪个位置才能使得候选目标特征与目标本身特征最匹配，也就是 y 在何处使得 q_u 与 p_u 最匹配。而两者的匹配度一般用 Bhattacharyya 系数来度量，其计算公式如下：

$$\rho(p(y),q) = \sum_{u=1}^{m} \sqrt{p_u(y)q_u} \qquad (3\text{-}31)$$

ρ 越大，q_u 与 p_u 就越匹配。将式(3-31)在 y_0 处进行泰勒展开，就可以得到算法下次迭代的中心位置 y，y 可表达为：

$$y = \frac{\displaystyle\sum_{i=1}^{n} y_i w_i g\left[\left\|\frac{(y_0 - y_i)}{h}\right\|^2\right]}{\displaystyle\sum_{i=1}^{n} w_i g\left[\left\|\frac{(y_0 - y_i)}{h}\right\|^2\right]} \qquad (3\text{-}32)$$

其中，$w_i = \displaystyle\sum_{u=1}^{m} \delta\left[b(x_i) - u\right]\sqrt{\frac{q_u}{p_u(y_0)}}$，$g(x) = -k'(x)$。

在运用 Mean shift 算法进行跟踪时，先把 y 初始化为 y_0，然后用公式(3-32)迭代，用迭代出的值代替原来的 y 值，直至 y 不再变化或者变化小于一定的限度，这时考察的区域与最邻近跟踪区域的特征基本一致，如果后续帧列图像在当前跟踪点附近无匹配区域，就表示该跟踪目标丢失或者说临近已无类似火焰样本相似的区域，这时需用穷举或者遗传算法获取新的跟踪始点，如一段时序内的帧图像中无满足遗传算法的适应度要求的区域，则该监控视野中无火焰区域存在。

基于灰度或者彩色目标直方图的 Mean Shift 跟踪算法利用了目标直方图特征稳定、便于计算等优点，采用目标颜色直方图作为搜索特征，通过不断迭代 Mean Shift 向量使算法收敛于目标的真实位置，从而达到跟踪的目的，该算法具有良好的鲁棒性。但一般的 Mean Shift 跟踪算法仍存在大量开方、除法等浮点运算和反复的迭代过程，可分别通过简化核函数、更新核函数带宽、改变 Bhattacharyya 匹配方法等手段大大降低算法的计算量以达到实时精确跟踪的目的。

视频跟踪检测可应用于使摄像机跟踪样本特定的移动物体并显示出移动物体的范围和轨迹，通过移动物体中心轨迹和摄像镜头参数的换算并经过云台的驱动达到摄像镜头对物体的实时跟踪移动，同时火焰区域中心的移动轨迹反映出其动态特性，在火焰监控系统中该方法包括监视在固定场景中移动的火把和某处火源的扩张和燃烧过程。基于 MeanShift 的火焰区域跟踪系统在"/程序/第 3 章/基于 MeanShift 的火焰区域跟踪软件系统/"目录中，通过调入工程文件"MeanshiftFireTrack.dpr"进行调试，考虑到进行实验的简单性，将序列图像变成独立的各帧图像，包含火焰的各帧图像和目标样本图在该目录下的子目录"/ FireAVIImage/"中，包含烟雾的各帧图像和目标样本图在该目录下的子目录"/ SmogAVIImage/"中。基于 Mean Shift 火焰或烟雾跟踪的系统的主界面如图 3.6、图 3.7 所示。

 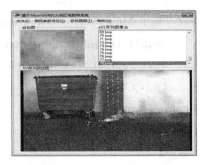

图 3.6　基于 Mean Shift 的火焰区域跟踪　　　图 3.7　基于 Mean Shift 的烟雾区域跟踪

　　图 3.8 中显示火焰区域对不同时序帧图像的跟踪轨迹,通过差帧法监视背景图像的变化而得到动态区域的初始跟踪位置。实验中火焰和烟雾区域的初始中心位置设定为（150，110）和（130，140），初始跟踪位置也可由遗传算法得到与火焰区域最为相似的初始跟踪位置，当跟丢了火焰区域对象时可重新调用遗传算法获得新的类似火焰区域的初始跟踪位置，当整个帧图像中都没满足遗传算法适应度的窗口区域时，则该帧图像中不存在火焰区域。火焰窗口区域的中心位置轨迹发生在反复跳动的一个封闭区域中，通过红色矩形框出用跟踪算法得到所匹配的与样本火焰相似的移动区域。同样，对各帧图像中烟雾区域的跟踪实验系统的主界面和跟踪轨迹如图 3.7、图 3.9 所示，只是将样本图像和跟踪的帧图像取为包含烟雾区域的图像就可达到满意的跟踪效果。

图 3.8　基于 Mean Shift 算法对各帧图像火焰区域的跟踪定位

图 3.9　基于 Mean Shift 算法对各帧图像烟雾区域的跟踪定位

　　Mean Shift 跟踪算法简单易用，很容易嵌入到传统跟踪算法当中，而且仅利用传统算法得到的中间数据就实现了目标的自适应追踪，且易于改进为多目标的实时跟踪方法。

　　具体的火焰或烟雾区域跟踪并更换搜索右上角的程序段如下所示：

procedure TMeanShiftMainForm.MeanShiftTrackProcess(framenumber:integer);

```
var //基于 Mean Shift 跟踪的主程序段
    StopThreshold,IteratorCount,i:integer;
    Tempnumber,MaxNum,DeltZ:Double;
    Oldx,OldY:Integer;
begin
  if(FrameNumber=0)then //第一个跟踪位置由遗传算法或指定得到
  begin
    CalculateHistogram('U',TempHistogram);//计算目标综合彩色矢量直方图模板
    RecordPixel[Framenumber].X:=Currx;   //记录最大 Bhattacharyya X 坐标位置
    RecordPixel[Framenumber].Y:=CurrY;   //记录最大 Bhattacharyya Y 坐标位置
  end
  else
  begin
  Stopthreshold:=500; IteratorCount:=0; Tempnumber:=0; MaxNum:=0; deltZ:=1;
  // 本帧图像的初始中心 X 坐标设为上帧图像的中心 X
  CurrX:=Recordpixel[framenumber-1].X;
  // 本帧图像的初始中心 Y 坐标设为上帧图像的中心 Y
  CurrY:=Recordpixel[framenumber-1].Y;
    while(IteratorCount<=StopThreshold)and(DeltZ>0.5) do
      begin
        CalculateHistogram('U',CurrHistogram);   //计算当前综合彩色矢量直方图
        Tempnumber:=CalculateBhattacharyya(currHistogram,tempHistogram);
        if(Tempnumber>MaxNum)then
          begin
          MaxNum:=tempnumber;
          RecordPixel[framenumber].X:=Currx; //记录最大 BhattacharyyaV X 坐标位置
          RecordPixel[framenumber].Y:=CurrY;    //记录最大 Bhattacharyya Y 坐标位置
          end;
        Oldx:=Currx; Oldy:=Curry;//记录 X，Y 新位置为考察点
        MeanShiftProcessSp(FrameNumber);//处理新的一帧图像
        IteratorCount:=IteratorCount+1;
DeltZ:=Sqrt(Sqr(Oldx-Currx)+Sqr(Oldy-Curry));
      end;
    end;
  end;
具体的火焰或烟雾跟踪每一帧图像时目标的新位置更新的程序段如下：
procedure TMeanShiftMainForm.MeanShiftProcessFrame(i:integer);
```

```pascal
var //跟踪每一帧图像中目标的新位置的程序段
    Weights:array[0..4096]of double;
    newX,newY,sumOfWeights:double;
    k,x,y,gray,imgHeight,imgWidth:integer;
    ColorVect:Tcolor;
    R,G,B:double;
begin
newX:= 0.0;   newY:= 0.0;
    ImgHeight:=SearchShowImage.Picture.Bitmap.Height;//图像的高
    ImgWidth:=SearchShowImage.Picture.Bitmap.width;//图像的宽
    for k:=0 to Histogram_Length-1 do//直方图特征比较
    begin
        if (currHistogram[k] >0.0 ) then
        //目标模板直方图/当前区域直方图
        Weights[k]:= TempHistogram[k]/CurrHistogram[k]
        else weights[k]:= 0;
    end;
            SumOfWeights:= 0.0;        ColorVect:=0;
        for   y := max(0,curry - round(trackWinHeight / 2)) to
                min(curry + round(trackWinHeight / 2),imgHeight - 1) do
        begin     p:=SearchShowImage.Picture.Bitmap.scanline[y];
            for x:= max(0,currX - round(trackWinWidth / 2))    to
    min(currx   + round(trackWinWidth / 2),imgWidth - 1)do
            begin
            R:=p[3*x]/16; G:=p[3*x+1]/16; B:=p[3*x+2]/16; //红色, 绿色,蓝色分量
            ColorVect:=trunc(B)+trunc(G)*16+trunc(R)*256;//位置坐标更新
NewX := NewX +(Weights[ColorVect] * x);   NewY := NewY +(Weights [ColorVect] * y);
            sumOfWeights:=sumOfWeights +weights[ColorVect];
        end;
    end;
        if(sumOfWeights<> 0)    then
        begin
        CurrX:= Round((NewX/sumOfWeights) + 0.5);//更新的 X 坐标
        CurrY:= Round((NewY/sumOfWeights) + 0.5); //更新的 Y 坐标
        end;
end;
```

3.4 决策树分类概述

决策树分析就是以实例为基础的归纳学习算法，是从一组无次序的、无规则的实例数据中推理出树表示形式的分类规则。决策树是归纳推理算法之一，是一种逼近离散值目标函数的方法，对噪声数据有很好的健壮性且能学习析取表达式。

决策树分类是通过树形结构将归纳推理算法进行表达的一种方法。树形结构的分支、走向和叶子节点的定义取决于归类的训练样本数据。决策树通过把实例从根节点排列到某个叶子节点来分类实例，叶子节点即为实例所属的分类。树上的每一个节点说明了对实例的某个属性的测试，并且该节点的每一个后继分支对应于该属性的一个可能取值。

3.4.1 决策树分类的方法

决策树的各部分包括根是学习的事例集；枝是分类的判定条件；叶是已分好的各个类。对于同样一组事例也许有很多决策树符合这组例子，一般情况下，树越小则树的预测能力越强，要构造尽可能小的决策树，其关键在于选择恰当的逻辑判断或属性。这是一个 NP 难问题，因此只能采用启发式策略来选择比较好的逻辑判断或属性，通常通过用熵度量样本数据的均一性来选取。

决策树分类 C4.5 方法是比较成熟的技术。C4.5 算法是从 ID3 算法发展而来的，它包括对连续值的处理、对未知特征值的处理、对决策树进行剪枝和规则的派生。ID3 算法的前身就是 CLS 算法，CLS 算法的过程是首先找出最有判别力的因素，把数据分成两个子集，每个子集又选择最有判别力的因素进行划分，一直进行到所有子集仅包含一个类型为止，最后得到一棵决策树。ID3 算法包括以下步骤：

（1）随机选择 C 的一个子集 W（窗口）作为初始集合。

（2）调用 CLS 生成 W 的分类树 DT。

（3）顺序扫描 C 搜集 DT 的意外（即由 DT 无法确定的例子）。

（4）组合 W 与已发现的意外，形成新的 W。在这里有两个策略：

① 原 W 加上固定的 n 个例外，$|W|$ 递增。

② 留下原 W 中与 DT 的每个叶节点对应的每一个示例，补充例外，保持 $|W|$ 不变。

（5）重复（2）到（4），直到无例外为止。

ID3 算法对训练数据有一定的要求：

（1）所有属性的值必须为离散量，即 ID3 算法所处理的数据都是枚举形式的量。

（2）每一个训练样本的每一个属性必须有一个明确的值，如果训练例中的某一个属性的值丢失的话，那么整个训练例都将不能使用而成为被舍弃的例子。

（3）相同的因素必须得到相同的结论且训练样本必须唯一，也就是说训练样本必须唯一且不能有矛盾数据。

C4.5 算法是应用比较多的一种分类决策树算法，其分类规则的建立就是一个建树的过程，建树算法包括下列步骤：

（1）对当前的例子集合，计算各特征的互信息。

（2）选择互信息最大的特征 A_k。

（3）把在 A_k 处取值相同的例子归于统一子集；A_k 有几个特征就得有几个子集。

（4）对既含正例又含反例的子集，递归建树。

（5）若子集仅含正例或反例，对应分枝分别标上 P 或 N，返回调用处。

互信息的计算就是该算法中的关键和运算量最大的部分，互信息通常用熵来表达，通过用熵度量样本数据的均一性而得到比较好的逻辑判断或属性，熵的定义用公式表达为：

$$Entropy(S) = -p_\oplus \log_2 p_\oplus - p_\ominus \log_2 p_\ominus \qquad (3-33)$$

例如，一个事件子集共 14 个，正例有 9 个和反例有 5 个，这个事件的熵的计算为：

$$Entropy(9+,5-) = -(9/14)p\log_2(9/14) - (5/14)\log_2(5/14) = 0.94$$

决策树学习具有一定的适用性，由于实例都是由属性-值对表示的，如目标函数具有离散的输出值，这些值就需要用析取描述和分类表达，同时训练数据可以包含错误，训练数据可以包含缺少属性值的实例，通常用信息增益度量期望熵最高的值作为属性值。决策树在分析各个属性时，认为它们都是相互完全独立的。如果对于数据中呈现出一条规律"属性 A 的值比属性 B 的值大的时候，输出为 1，否则为 0"的话，决策树就无法给出这样的规律，因为它只会企图将属性 A 和某个常数比较，属性 B 和某个常数比较，而不会比较属性 A 和属性 B 的差值。对于数据中可能存在这样规律的情况，需要采用一个变通的方法，如将属性 A 和属性 B 的差值作为一个新的属性 C，输入决策树的训练算法，那么决策树有可能得出这样一条简洁的规律：如果属性 C 大于 0，那么输出为 1，否则为 0。

3.4.2 基于决策树的火焰区域的分类方法

1. 基于决策树的火焰区域分类系统的模块构成

基于决策树的火焰图片纹理分类系统的软件模块包括图像输入模块、图像预处理模块、图像纹理计算模块、样本库建立模块计算分析模块、决策树产生模块。基于决策树的火焰区域分类实验系统的主界面如图 3.10 所示，图中的左上方为测试图片，图的右边为决策树的节点构造和对测试数据集的正确识别率等参数。

图像输入模块、图像预处理模块、图像纹理计算模块等模块在其他章节有了详细的介绍，这里主要介绍样本库建立模块和决策树产生模块的设计。

决策数的输入数据属性可以是连续量、离散量和枚举量。决策数据属性是从输入数据属性中得到的结果，决策数据属性通常是枚举量并以决策树的形式来表示，考虑到决策树的结论属性不宜太多，而且决策树的结论属性一般都是枚举类型的，原始训练数据的 K 个特征矢量最好用均值聚类、CHI2、积分等方法将它们分成更少类的数据段。规则树是以 150 个原始训练数据为学习样本而建立的一棵判定树，求

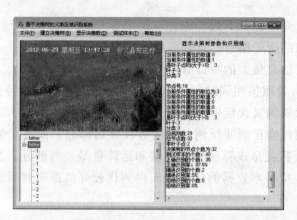

图 3.10　基于决策树的火焰区域分类结果

导出决策树的推理结果和推理正确率。实验中原始样本数据的文件名为"FireAndSmogTrainData .txt"，它每行的第 1 列为数据的序号；第 2 列到第 5 列这中间四列为特征矢量或者条件属性，如表达摄制图片中的矩形区域的颜色矩、Haar 特征或者灰度共生矩阵的平均值；最后一列为已知的数据分类或者决策类，如监控画面中的矩形区域包括火焰、白色烟雾、黑色烟雾和背景 4 类，训练数据的结构和部分数据如表 3.1 所示。

表 3.1　训练数据的结构

序号	V_1	V_2	V_3	V_4	类别
94	5.0	2.3	3.3	1.0	2
95	5.6	2.7	4.2	1.3	2
96	6.3	3.3	6.1	2.5	3
97	7.1	2.9	5.8	2.1	3

建立决策树样本学习库中每一行中的四个特征值可通过分割后的已知区域的纹理和颜色特征建立，通过点击森林图片上已知类型的矩形区域而产生包括序号、4个特征值和 1 个分类号的上面格式表达的数据库。建立决策树需用到上列训练数据中的四个特征矢量或者条件属性，在进行新的样板判断为火焰和烟雾图片纹理的测试前，需将训练各类区域样板特征矢量调入以建立起决策规则树，选择的读取文件名为"FireAndSmogTrainData.txt"。通过选择上面的 150 个原始样本训练数据中的120 个进行训练而产生决策树，并从中选择 40 个作为测试数据。在实际的测试应用中，通过穷举或遗传算法搜索出矩形窗口，计算出矩形区域测试用的特征数据，并通过已产生的规则进行分类。

决策树学习的常见问题是处理缺少属性值的训练样例，处理不同代价的属性可以生成易于理解的规则。决策树可以清晰地显示哪些字段比较重要，对连续性的字段比较难预测，特别是当类别太多时，分类错误可能会增加得比较快，通常在分类的时候，是依据一个属性来进行的，因而不是全局最优值。

2. 火焰和烟雾纹理分类决策树产生模块设计

决策数的分支走向都由特征矢量或者条件属性的信息增益比来确定，取其中信息增益比最大的属性作为划分的特征，求取信息增益比最大的第 K 个属性中的特征序号，程序段如下：

```
function NodeMaxI(var P:Pnode):Integer;
var //求取信息增益比最大的 K 个属性中的特征序号的程序段
notleaf,re,i,j,k,jsq,maxii,n:integer;
gainr:array of single;
d:DoublesingleArray;
bz:array of integer;
maxxx:Single;
BEGIN
    re:=Arraysort(TrainData,TestN,0);//按序号排列数组
    SetLength(gainr,Anum);
    MaxII:=-1;   Maxxx:=-1;
    SetLength(bz,TestN);//生成当前数组
        for i:=0 to TestN-1 do    bz[i]:=1;//等于 1 为满足节点 p 的样本
      for i:=0 to Anum -1 do
       begin
            if(p.AttLable[i]=0) then Continue;
            for j:=0 to TestN-1      do
                begin
                    if(TrainData[j,i+1]<>p.Attvalue[i])then bz[j]:=bz[j]*0;
                end;
      end;
      n:=0;
      for i:=0 to TestN-1 do
        begin
           if(bz[i]=1) then    n:=n+1;
        end;
      SetLength(d,n,(Anum+2));    k:=0;
     for i:=0   to n-1 do
       begin
             while((bz[k]=0)and (k<TestN)) do k:=k+1;
             for j:=0 to Anum+1 do
                begin
                d[i,j]:=TrainData[k,j];
```

```
                        end;
            k:=k+1;
        end;
    Maxxx:=-1;
  for j:=0 to Anum-1 do
    begin      Gainr[j]:=0;
          if(p.AttLable[j]=1) then continue;
            Gainr[j]:=GainRatio(d,n,j);
          if(Gainr[j]>Maxxx)   Then   begin Maxii:=j;Maxxx:=Gainr[j];   end;
end;
        Result:=Maxii;//记录信息增益比最大的属性（0~3）
end;
```

具体的计算某一属性的信息增益率程序段如下：

```
function GainRatio(d:DoublesingleArray;N:Integer; a:Integer):Single;
var //计算属性 a 的信息增益率的程序段
    i,j,k,m,s,ii:Integer;
    SP,E,E1,DecisionI:Single;
    Num:array of Integer; //  记录决策类各个取值的个数
Begin
    ArraySort(d,n,a);
    sp:=0;//属性 a 的信息熵
    DecisionI:=0;//决策类的熵
    E:=0;//属性 a 的条件熵
    E1:=0;  SetLength(num,ClassNum);
//////////////////////////求决策类的熵//////////////////////////////////////
    Arraysort(d,N,Anum+1);
    i:=0;    k:=1;
    for j:=1 to N-1 DO
    BEGIN
        if(d[j,Anum+1]=d[i,Anum+1]) THEN    K:=k+1
        else
          BEGIN
            DecisionI:=DecisionI-(k/N)*LN(k/n);    i:=j; k:=1;
          END;
    end;
    DecisionI:=DecisionI-(k/n)*lN(k/n);
//求属性 a 的熵和条件熵
```

```
Arraysort(d,n,a+1);  i:=0;        k:=1;
  for j:=1 to n-1 DO
BEGIN
   if(d[j,a+1]=d[i,a+1]) THEN begin K:=K+1;continue;end
  else    begin         sp:=sp-(k/n)*lN(k/n);
            for m:=0 to ClassNum-1 do    num[m]:=0;
        for s:=i TO J-1 DO
               begin
                 for m:=0 TO ClassNum-1 DO
                 begin
   if(d[s,Anum+1]=(m+1))    then    num[m]:=NUM[M]+1;
               end;
            END;
          E1:=0;
              for m:=0 TO ClassNum-1 DO
              begin
              if   (num[m]/k=0) then continue;
                        E1:=E1-(num[m]/k)*LN(num[m]/k);
             end;
         E:=E+(k/n)*E1;     i:=j;   k:=1;
      end;
    end;
   sp:=sp-(k/n)*ln(k/n);
  for m:=0 to ClassNum-1 do num[m]:=0;
  for s:=i to j-1 do
begin
     for m:=0 to ClassNum-1 do
    BEGIN
    if(d[s,Anum+1]=(m+1)) THEN    num[m]:=NUM[M]+1;
     END;
end;
  E1:=0;
  for m:=0 to ClassNum-1 do
  begin
  if   (num[m]/k=0) then continue; E1:=E1- (num[m]/k)*ln(num[m]/k);//条件熵
  end;
     E:=E+ (k/n)*E1;
```

```
        if (sp=0) then result:=-10000;
        Result:=(DecisionI-E)/sp;
end;
```

C4.5 是一种决策树算法，它从已能正确分类的数据中挖掘规律，这些被描述特征属性的数据包括连续量（如语音数据的基频值），它们也可能是离散量（如描述形状特征的圆形度），它们也可能是枚举量（如火焰和烟雾的类型编号）。建立根节点、子节点和显示决策数的主程序如下：

```
procedure TDecisionTreeMainForm.BuildTreeClick(Sender: TObject);
var //建立和显示决策树的主程序段
    ii,jj,kk,TestNum,l,bz1,bz2,cx:integer;
    aa:array of integer;//标志
    nodenumber: SigleFloatArray;//节点个数
    i,j,k,re:Integer;
    qq:pnode;
begin
    setlength(attnum,4); setlength(TrainData,TestN,Anum+2);//训练集
    setlength(rule,TestN,Anum+2);//规则集
    setlength(aa,SampleNum);//规则集
    RuleNum:=0;//规则集中规则的个数
        for jj:=1 to Anum do
        begin
        kk:=0;re:=ArraySort(SampleDatas,SampleNum,jj);
                for ii:=1 to SampleNum-1 do
                    begin
                    if    SampleDatas[ii-1,jj]=SampleDatas[ii,jj] then Continue
                    else       kk:=kk+1;
                    end;
            Attnum[jj-1]:=kk;
        end;
        NotLeaf:=0;     re:=ArraySort(SampleDatas,SampleNum,0);
for TestNum:=0 to 0 do
    begin
        NodeNum:=0; RuleNum:=0;    l:=0;
////////////////////////////生成训练集////////////////////////////////
        for i:=0    to TestN-1 do
            for j:=0 to anum+1 do
                        TrainData[i][j]:=SampleDatas[i][j];
```

```
for   i:=0 to testN-1 do      TrainData[i][0]:=i+1;
Tree:=root();//产生父节点
NextNode(Tree); //产生后续节点
OutNode(Tree);//输出节点
OutTree(Tree);//输出决策数
memo1.Lines.Add('总规则数:'+IntToStr(RuleNum));
memo1.Lines.Add('总节点数:'+IntToStr(NodeNum));
memo1.Lines.Add('非叶子点:'+IntToStr(Notleaf));
    end;
  end;
```

建立和显示决策树的主程序产生了父节点，决策树产生的主要过程是对当前节点的判断和分析而产生新的孩子节点，如孩子节点是树叶，则不必继续产生新的孩子节点。从树根到每个树叶的过程控制属性值就构成了决策树的规则，根据当前节点生成孩子节点程序段如下：

```
function NextNode(var P:Pnode):integer;
var //根据当前节点生成孩子节点的程序段
    i,j,k,kk,BrenchNum,maxii,maxxx,n,RE,VI:Integer;
    q:PNode;
    gainr:array of single;
    d:DoublesingleArray;
    bz:array of Integer;
begin
    VI:=-1;   arraysort(TrainData,TestN,0); Setlength(gainr,Anum);
    Maxii:=0;   Maxxx:=0;    SetLength(bz,TestN);
        for i:=0 to TestN-1 do    bz[i]:=1;//等于 1 为满足节点 p 的样本
            for i:=0 to Anum-1 do
      begin
        if(p.AttLable[i]=0) then Continue;
            for j:=0 to TestN-1 do
            begin
            if(TrainData[j][i+1]<>p.attvalue[i]) then  bz[j]:=bz[j]*0;
            end;
    end;
  n:=0;
  for i:=0 to TestN-1 do
  begin
      if(bz[i]=1) then n:=n+1;
```

```
    end;
  SetLength(d,n,(Anum+2));      k:=0;
   for i:=0 to n-1 do
  begin
      while((bz[k]=0)and (k<TestN)) do K:=k+1;
          for j:=0 to Anum+1 do
       begin    d[i,j]:=TrainData[k][j];           end;
         k:=k+1;
     end;
//////////////生成孩子节点//////////////////////////////////////
    RE:=ArraySort(d,n,(p.BrenchAtributeI+1));
    k:=0; BrenchNum:=0;//计数器清零
    for i:=0 to n-1 do
    begin
        if(d[i,(p.BrenchAtributeI)+1]=d[k,(p.BrenchAtributeI)+1])
then continue;
          new(q);
        NodeNum:=NodeNum+1;
        q:=CopyNode(p,q);
        q.AttLable[p.BrenchAtributeI]:=1;
        q.attvalue[p.BrenchAtributeI]:=d[k,(p.BrenchAtributeI)+1];
        p.nextvalue[BrenchNum]:=d[k,(p.BrenchAtributeI)+1];
        p.link[BrenchNum]:=q;
        BrenchNum:=BrenchNum+1;
        k:=i;
    end;
    New(q); //继续处理这个节点的最后一个孩子节点
    NodeNum:=NodeNum+1; q:=CopyNode(p,q);
    q.AttLable[p.BrenchAtributeI]:=1;
    q.Attvalue[p.BrenchAtributeI]:=d[k,(p.BrenchAtributeI)+1];
    p.NextValue[BrenchNum]:=d[k,(p.BrenchAtributeI)+1];
    p.Link[BrenchNum]:=q;
    BrenchNum:=BrenchNum+1;
    p.NextValue[BrenchNum]:=-1;
//////////////标志叶子点//////////////////////////
    for i:=0 to BrenchNum-1 do
    begin
```

```
        RE:=IsLeaf(p.Link[i]); if re=0 then        VI:=NodeMaxI(p.link[i]);
            if(RE>0) then
                 begin     //是叶子点
                     p.Link[i].leaf:=re;   p.Link[i].cla:=RE;
                      end;
          if(RE=0) then
                 begin          //不是叶子点
                     notleaf:=notleaf+1;
            //计算每个未确定条件属性的信息增益比
          VI:=NodeMaxI(p.link[i]);
          p.Link[i].cla:=RE;   p.Link[i].BrenchAtributeI:=VI;
              NextNode(p.Link[i]);
            end;
     end;
     result:=notleaf;
end;
```

决策树的建立就是要产生合理有序的叶子节点，判断节点是否为叶子节点的程序段如下：

```
function IsLeaf(var p:PNode):Integer;
var//判断节点 p 是否为叶子节点的程序段
    i,j,k,jsq,n,RE:integer;
    d:DoublesingleArray;
    bz:Array of Integer;
    IsLeaf:integer;
//返回决策类的值
BEGIN
    isleaf:=1;     re:=ArraySort(TrainData,TestN,0);
    SetLength(bz,TestN);//生成当前数组
            for i:=0 to TestN-1 do bz[i]:=1;//等于 1 为满足节点 p 的样本
for i:=0 to Anum-1 do
   begin
            if(p.AttLable[i]=0)   then    Continue;
            for j:=0 to TestN-1 do
            begin
                if(TrainData[j,i+1]<>p.Attvalue[i]) then   bz[j]:=bz[j]*0;
                end;
      end;
```

```
        n:=0;
        for i:=0 to TestN-1 do
            begin
                if(bz[i]=1) then   n:=n+1;//训练数据中等于 Attvalue[i]的个数
            end;
            setlength(d,n,(Anum+2));        k:=0;
        for i:=0 to n-1 do
            begin
                while((bz[k]=0) and (k<TestN)) do begin k:=k+1;end;
                for j:=0 to Anum+1 do
                    begin
                        d[i,j]:=TrainData[k,j];//d[]放入满足 Attvalue[i]的数，共 n 个
                    end;
                k:=k+1;
            end;
            for i:=1 to n-1 do
            begin  ///d 中是属性 Attvalue[i]，而类不同不是叶子点
                if(d[i,Anum+1]<>d[0,Anum+1]) then begin isleaf:=0;end;
            end ;
            if isleaf=1 then
                begin
                    P.Cla:=d[0,Anum+1];        Result:=Trunc(d[0,Anum+1]);
                end else
                    begin
                        if n=2 then begin      p.Cla:=999; result:=1; end
        else    result:=0;
                    end;
        end;
```

上面列出的叶子判断程序需考虑一定的剪枝技术。由于决策树学习的常见问题包括基本的决策树构造算法没有考虑噪声，生成的决策树会完全与训练样本数据拟合，但在有噪声情况下，这样对训练数据的完全拟合会导致并不好的预测性能。对噪声适应性的解决方法是采用剪枝技术，同时它也能使决策树得到简化而变得更容易理解。通常有向前剪枝和向后剪枝两种剪枝方法。向后剪枝好于向前剪枝，但计算复杂度大。剪枝过程中一般要涉及一些统计参数或阈值等。

建立决策树后需要用测试样本进行检验，仍然通过从 150 个原始样本训练数据中选择 40 个作为测试数据，能够正确识别的个数是 34 个，正确识别率达到 85%，错误识别的个数是 3 个，错误识别率为 7.5%，拒绝识别的个数是 0 个，拒绝识别率

是 0%。样本测试的过程实际上是将测试数据与规则进行比较，看哪些纹理属性满足规则树的要求。样本测试分析和规则对比的程序段如下：

```
procedure TDecisionTreeMainForm.TestClick(Sender: TObject);
Var//决策树分类的主程序段
    i,j,k,TestNum,BitCheck,NotRecCheck:integer;
    Reco:integer;        //正确识别的样本个数
    Recoerr:Integer;//错误识别的样本个数
    NotRec:Integer;//拒绝识别的样本个数
    RecoRatio:Single;//正确识别率
    RecoErrRatio:Single;//错误识别率
    NotRecRatio:Single;//拒绝识别率
begin
    randomize;
    Reco:=0;Recoerr:=0;NotRec:=0; TestNum:=40;
//////////////////从样本库中取测试集数据 //////////////////////
    setlength(TestData,TestNum,Anum+2);//申请测试集数据
        for i:=0   to TestNum-1 do
          begin
            for j:=0 to Anum+1 do        TestData[i][j]:=SampleDatas[90+i][j];
            end;
      for i:=0 to TestNum-1   do     TestData[i][0]:=i+1;
for i:=0 to TestNum-1 do
   begin   //取测试集数据与决策规则进行比较
      NotRecCheck:=1;//拒绝识别设为缺省值
          for j:=0 to RuleNum-1 do
          begin
                  BitCheck:=1;//样本与决策码的每位默认是正确识别的
                  for k:=0 to Anum-1 do
                  begin   //取样本的属性各位与决策的各位进行比较
                        if((TestData[i,k+1]=rule[j,k+1])or(rule[j,k+1]=0))then
                        BitCheck:=BitCheck*1
                    else     begin BitCheck:=BitCheck*0;break;end;
                end;
                if((BitCheck=1)and(TestData[i,Anum+1]=rule[j,Anum+1])) then
                  begin   Reco:=Reco+1; NotRecCheck:=0;break; end;
                    if((BitCheck=1)and (TestData[i,Anum+1]<>rule[j,Anum+1]))   then
                  begin   Recoerr:=RecoErr+1;NotRecCheck:=0; break;   end;
```

```
                    end;
            end;
                    if (NotRecCheck=1) then NotRec:=NotRec+1;
            RecoRatio:=100*reco/TestNum; RecoErrRatio:=100*recoerr/TestNum;
            NotRecRatio:=100*NotRec/TestNum;
            memo1.lines.add('测试样本的个数：'+IntToStr(TestNum));
            memo1.lines.add('正确识别的个数：'+IntToStr(reco));
            memo1.lines.add('正确识别率：'+FloatTostr(recoratio)+'%');
            memo1.lines.add('错误识别的个数:'+IntToStr(recoerr));
            memo1.lines.add('错误识别率:'+FloatToStr(RecoErrRatio)+'%');
            memo1.lines.add('拒绝识别的个数:'+IntToStr(NotRec));
            memo1.lines.add('拒绝识别率:'+FloatToStr(NotRecRatio)+'%');
    end;
```

3.5 随机决策森林概述

3.5.1 随机决策森林的分类方法

随机森林算法是由 Leo Breiman 和 Adele Curler 提出，结合了 Breimans 的 Bootstrap 聚合思想和 Ho 的随机子空间方法，其实质是一个树型分类器的集合 $\{h(x,\theta_k),k=1,2\cdots n\}$，决策树的形成采用了随机的方法，且树之间不存在关联。这样使得在训练的时候，每一棵树的输入样本都不是全部的样本，因而不容易出现过拟合现象。这样每一棵决策树就是一个精通于某一个窄领域的专家，即从 M 个特征中选择 m 个子集而让每一棵决策树进行学习，构成的精通于不同领域专家的随机森林决策模型，而对一个新的测试数据的分析则由各个专家的投票得到结果。

3.5.2 基于随机决策森林的火焰区域分类方法

1. 火焰和烟雾特征提取方法

本节主要探索一般光照条件下基于火焰和烟雾的彩色及时空特征的识别方法，采用各分量相邻帧差组成时空块间特征的统计数据反映各特征的空间和时频分布属性，对通过 Relief 特征选取方法选择的特征组合在随机决策森林树训练过程中的参数、性能进行了选择和分析，同时探测火焰和烟雾区域各特征的空间分布和时序关系并由决策森林投票给出更逻辑合理的判断，实验证明基于随机决策森林的分类方法在火灾与烟雾探测系统中表现出较高的识别精度和运行效率。火焰和烟雾的颜色属性的多样性和可变性更需要选择一个合理的彩色模型来定义，RGB、YUV、CIE Lab、HSV、HIS、CMYK 等颜色特征都被成功地应用于火灾的探测方法中，烟雾的动态纹理属性的合理利用也被应用于烟雾的探测分析中。由于同时对视频火焰和烟雾的颜色与动态特征进行分析和归类，仍需要采用合理的特征选择方法和适应性更强的分类器和组合分类器，探讨用各种彩色和运动特征进行分类器集成并以同步方式对火焰、烟雾区域进行分类识别，以最少的特征集获得更高的识别率和更少的误识率，用随机森林方法处理多分类系统的过拟合问题，将重点讨论基于随机森林思想的组合分类器的各特征、参数选择和设计。

（1）火焰和烟雾的颜色特征。

图 3.11(a)为含白色天空、绿色树林和草地、偏红色土地和偏红色火焰、偏白色烟雾的多彩野外图像。火焰、烟雾和背景像素在不同的彩色模型空间具备不同的可区分度，彩色模型主要包括亮度和强度表示模型、红绿蓝 RGB 彩色空间、亮度、红和蓝彩色分量 yC_rC_b 空间，色度、饱和度和灰度值 HSV 的彩色空间和 CMYK 打印输出等彩色空间。RGB 彩色空间的各分量具备较大的线性相关性使其类别的可区分性降低，HSV 的彩色空间的 H、V、S 分量都对类别区域具备区分性，yC_rC_b 和 CYMK 空间的 C_r、C_b 和 M、Y 特征对火焰区域具有较好的区分度。图 3.11(l)~图 3.11(n)主要涉及时空动态分量，对像素空域的求导处理反映区域在 X、Y 方向的变化性，对时频的求导累积反映区域在时序上的变化性。树叶、草丛及光亮在时序上的变化累积比火焰和烟雾区域要小。而彩色特征在时空块中的的统计数据也具备时频运动特征的区分能力。

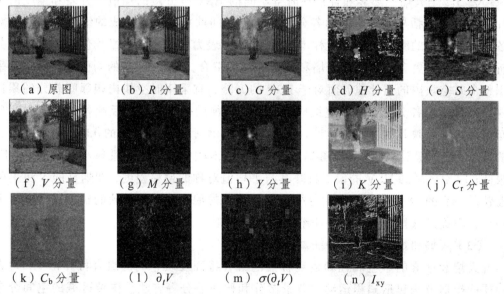

（a）原图　　　（b）R 分量　　　（c）G 分量　　　（d）H 分量　　　（e）S 分量

（f）V 分量　　　（g）M 分量　　　（h）Y 分量　　　（i）K 分量　　　（j）C_r 分量

（k）C_b 分量　　　（l）$\partial_t V$　　　（m）$\sigma(\partial_t V)$　　　（n）I_{xy}

图 3.11　视频图像中各颜色与动态特征分量图像构成

（2）火焰和烟雾区域的统计特征。

每个时序和空间变量的概率密度反映了其特征分布，表达一变量的三个主要统计参数为方差、偏度和峰度，它们反映了变量的均匀性、差异性和纹理特征。方差是描述某变量的分布离散程度，方差的计算公式如下：

$$\sigma = \sum_{=0}^{n-1}(xi-\mu)^2 p(xi) \tag{3-34}$$

其中，$p(x_i)$为变量x_i的概率；n为量化尺度；μ为变量均值。偏度（Skewness）是描述某变量取值分布对称性的统计量，其绝对值越大时表示分布形态偏移程度越大。偏度是表征概率分布密度曲线相对于平均值不对称程度的特征数，偏度的计算公式如下：

$$S = \sum_{i=0}^{n-1}(x_i - \mu)^3 p(x_i) \tag{3-35}$$

表 3.2　火焰、烟雾和背景区域的均值、方差和偏度统计表

	μH	μS	μV	σH	σS	σV	S_H	S_S	S_V
火焰	119 (60)	120 (27)	201 (87)	92 (62)	2108 (1481)	1232 (500)	0.4 (1.1)	0.29 (0.62)	0.2 (0.98)
烟雾	130 (85)	30 (172)	171 (42)	131 (55)	68 (44)	107 (38)	0.2 (0.91)	0.29 (0.61)	0.23 (0.98)
背景	146 (112)	84 (82)	123 (23)	193 (179)	268 (71)	218 (11)	-0.9 (1.39)	0.4 (0.56)	4.3 (1.3)

表 3.2 是火焰、烟雾和背景在时空块间的 HSV 各分量的均值、方差和偏度的统计数据，表中括号内的数据为各分量在时空块间的相邻帧差组成的统计数据，针对各种类型选择的时空块的实验样本数为 30，上表为实验样本的平均值。由表 3.2 分析可知，为了更有效地描述火焰和烟雾的特征组合，对于 HSV 的均值和偏度，宜采用整个时空块内的累计值，而对于 HSV 的方差，宜采用时空块内相邻间差分的累计值比较合理。各分量相邻帧差组成时空块间特征的统计数据既反映各特征的空间分布属性，又反映其时序运动属性，如图 3.11(m)所示，火焰区域的$\partial_t V$变化较大，它的方差$\sigma(\partial_t V)$就比较大，而烟雾区域的方差$\sigma(\partial_t V)$中等，运动属性较小区域的$\sigma(\partial_t V)$很低；时空区域的 HSV 的偏度反映其与平均值对称的偏移程度，如烟雾的S和V偏度较低，它的H偏度较高。被分析区域各特征的偏度和峰度反映的纹理属性基本上一致，因此只选择偏度作为特征组合的一个元素。

（3）火焰和烟雾的动态特征。

火焰和烟雾的彩色属性和运动特征的融合特征反映它们的组合特异特征，动态特征的提取方法包括累积运动、背景微分和帧间差分等方法。图像区域的空间分布跳跃特性和时频特性通过像素点在空间上的导数和时序间微分来进行描述和统计分析。颜色信息在各颜色模型通道分量的低阶导数表达各分量的分布差异性。如图 3.11(n)中的 $Ixy(x,y,i)$表示光强度在水平和垂直方向的一阶微分，显示区域在空域的动态特性，这个变量在天空和墙面区域基本为零。采用图 3.11(l)中的$\partial_t V$表示亮度在帧间的微分累记以描述表示火焰或者烟雾闪烁的时频特性，它能描述它们与背景的动态关系。区域像素的主运动方向 Mo 也是非常重要的表征火焰和烟雾向上运动的属性，将区域的运动主方向 Mo 作为一个运动特征元素，并将其归一化，方向为 90°时

为 1，方向为 270°时为-1。

火焰和烟雾的候选区域基本上也由其动态属性确定，为了减少对整个区域每个搜索窗口融合特征的计算，按下列公式(3-36)和(3-37)对运动像素的时空块选取以作为候选疑似火焰区域参加后续分析运算。当时域中的光亮强度发生变化的像素比例超过阈值时，由运动累计矩阵判断该区域为运动区域。

$$\begin{cases} Inc(N_{d_i}), \text{if} \left| I(x,y,t_{i-(k/2)}) - I(x,y,t_{i+(k/2)}) \right| > 20 \\ B_m = 1, \text{if} \ (N_{d_i} / \sum_M \sum_N \sum_k \phi(M,N,k)) > Thdi \end{cases} \quad (3\text{-}36)$$

$$M(i,j) = \begin{cases} M(i,j)+1, \text{if} (B_m = 1) \\ M(i,j), \text{if} (B_m = 0) \end{cases} \quad (3\text{-}37)$$

式中，M,N 为搜索窗口的长宽；k 为时空块的帧数，当一窗口的像素运动累计达到一定比例时认为其为运动区域。

（4）基于 Relief 的特征区分性序列的产生方法。

用 Relief 算法可去除与分类不相关的特征，保留对火焰、烟雾的正确判断起到关键作用的重要特征。在基于 Relief 的特征选择算法中，Relief 算法每次从已标识类别的训练样本集中随机选取一个该类样本 R，然后从该同类的样本集中找出 K 个近邻样本，然后从与该类样本不同类的样本集中也选出 k 个近邻样本，近邻样本数 K（取 K=2~5）的选取主要考虑最小的同类样本数和计算精确度，根据计算而更新每个特征的权重。

对于类似图 3.11(a)的包含火焰和烟雾区域的图像，通过颜色掩膜和帧间运动计算可得到时空特征块样本素材，这些已分类的时空特征集经 Relief 算法的计算而得到对分类贡献的序列如表 3.3 所示。

表 3.3　火焰、烟雾颜色和运动各特征的重要性序列

重要性序号	特征	权重	重要性序号	特征	权重
1	$\partial_t V$	2.357 3	12	S_V	0.768 0
2	M_o	2.273 1	13	C_r	0.680 2
3	$\sigma(\partial_t V)$	2.146 9	14	M	0.650 4
4	Y	2.087 2	15	y	0.600 3
5	S_H	2.044 7	16	R	0.578 5
6	$\sigma(\partial_t H)$	1.910 4	17	B	0.443 8
7	$\sigma(\partial_t S)$	1.786 3	18	K	0.397 5
8	S_V	1.654 9	19	μH	-0.253 8
9	μV	1.397 3	20	μS	-0.984 7
10	I_y	0.875 9	21	C_b	-1.460 4
11	I_x	0.810 2	22	G	-2.190 7

由表 3.3 可知，由于 HSV 彩色空间的各分量基本是线性无关的，亮度分量 V 通道和亮度变化表现出对火焰和烟雾区域的特异性，HSV 的各统计变量的权重值都非常靠近且靠前，基本认定第 1~9 序号特征为优选系列。火焰和烟雾的特性主要用在空域和时频上的运动特性表示，这些特性的重要性也排序在前。火焰中心和烟雾区域的空域变化程度由 Ix，Iy 两个方向的一阶导数确定，这两个值都比较小，火焰和烟雾区域的时域动态性由 $\partial_t I$ 确定，这个值在每帧间表现为比较缓慢变化而在帧间积累上呈现一个较大值的区域，如图 3.11（1）所示。图 3.11（1）右上方运动的树枝与烟雾的差异通过帧差间的方差和偏度就可区别开来，这是因为运动树枝的相邻帧差变化是较大的，而烟雾的相邻帧差变化较小。

2. 随机森林分类器的构建

随机森林分类器模型如图 3.12 所示。随机决策森林的构建步骤如下：

（1）在所有样本集合 S 中每次随机地抽取 n 个不同的样本 $\{x_1, x_2, \cdots, x_n\}$，形成新的子集合 $s*$，这样训练集的个数为树的总数 T。

（2）如样本特征总的个数为 M，则随机选择的训练特征数 $m<M$。在决策树的每个节点需要分裂时，从这 m 个属性中采用诸如信息增益等策略来选择 1 个属性作为该节点的分裂属性。在每个非叶子节点上选择属性前，以这 m 个属性中最好的分裂方式对该节点进行分裂，在整个森林的生长过程中，m 的值维持不变，这样利用每个训练集，就可生成对应的决策树 C1,C2，$\cdots$，CT。

（3）决策树形成过程中每个节点都要按照步骤（2）来分裂，一直到不能够再分裂为止。显然如果下一节点选出来的那个属性是其父节点分裂时用过的属性，则该节点已经达到了叶子节点而无须再继续分裂了。

（4）按照步骤（1）~（3）建立起大量的决策树，直到决策树的总数为 T 而构建完成出随机森林。

从上面的步骤可以看出，随机森林的随机性体现在每棵树的训练样本是随机的，树中每个节点的分类属性也是随机选择的。有了两个随机选择的保证使随机森林不易产生过拟合的现象。

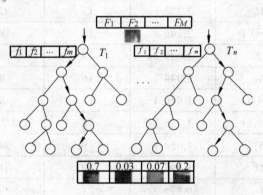

图 3.12　随机决策森林分类器的构造和分类

图 3.12 是随机森林分类器的构造和分类示意图，在对决策森林的构建过程中，每次由从包含火焰、黑色烟雾、白色烟雾和非火非烟的 4 类样本库中选择出 n 个样本，每个样本虽然有 M 个特征 F_i，但每棵决策树 T_i 训练用的特征只用到 m 个特征 f_i。在对样本进行测试的阶段，如对图 3.12 上部的火焰区域的测试，将利用每个决策树进行测试，得到对应的类别 C1(X)，C2(X)，…，CT(X)，采用投票的方法，将 T 个决策树中输出最多的类别作为测试火焰样本所属类别。图 3.12 中下部的图框表示测试的火焰区域对火焰类别的投票概率为 70%，对黑色烟雾的投票概率为 3%，而对白色烟雾的投票概率为 7%，故待测试区域的最后分类定为火焰区域。

3. 决策树棵数和特征数量对随机森林性能的影响分析

随机森林中包含的决策树棵数的不同，对算法的泛化性能具有一定的影响。为了减少随机性的影响，当决策树棵数确定后，实验 10 次而确定其随机森林模型，然后取其准确率的平均值作为当前决策树棵数下的分类准确率，实验分析结果如图 3.13 所示。实际应用中需综合考虑随机森林中的决策树棵数与建模的速度而进行折中选择。如用统计方法定义特征，时空块的特征方差和时频特征首先由相邻的 10 个框架间的各分量帧差累记得到，时空块的特征均值和偏度参数由时空块内的分量特征累记得到。

在对决策森林中树的数量对识别精度影响的分析中，采用树的棵数为 2~300 进行测试。当然，最佳树的棵数与特征组合的子集也有关，图 3.13 中的特征组合 Φ_2 有比较好的反映烟雾和火焰的属性，整个误差值比用特征组合 Φ_1 要小。对于特征组合 Φ_2 而言，当决策树的棵数为 55 左右，其相关的分类误差为最少。对于特征组合 Φ_1 而言，由于特征子集还不能本质上反映所有烟雾和火焰的样本的属性，其决策树棵数的有所提升才能有效地弥补样本数据的不对称和分类的不确定性，特征组合 Φ_1 的最小分类误差对应的决策树的棵数为 68 左右。无论是采用那种特征组合进行实验比较，决策森林中树的数量过少，即各个子专家决策数量的减少将影响到最后的投票结果。但是如继续增加超过一定程度的决策森林中树的数量，这样不仅归类的正确率并没有显著的提升，还会对最后的投票进程增加更多的模糊性。

图 3.14 是在同一特征组合下，每棵树构建时选择的训练用特征数 m 不同而对应

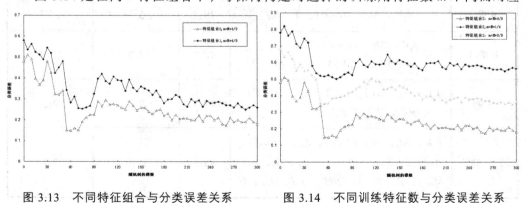

图 3.13 不同特征组合与分类误差关系   图 3.14 不同训练特征数与分类误差关系

的森林树棵数与分类误差的关系曲线。选择的 m 过小，每棵决策树可能选择到的关键特征包含在其中的概率小，这样单个专家的分类精确度下降将影响到最后的分类投票精确率，如当选择的训练用特征数 m 小于 $M/4$ 以下时，分类误差处于较大的范围；同样当选择的 m 过大时，每棵决策树可能选择到的具备模糊边界特征包含在其中的概率大，导致单个专家的分类精确度下降也将影响到最后的分类投票精确率。如取 $m=M$ 时，特征集合中所有的特征都参加训练，这就削弱了由于随机函数带来的随机森林的泛化能力，本实验系统中选择出的较为合理的训练特征数 $m=M×4/9$。

4. 特征组合对随机森林分类性能的影响分析

表 3.4 列出采用特征数为 6、9、13 和 22 个主要特征子集时，决策森林树分类所具备的不同的真阳性率和运算效率。采用 $M=9$ 个主要特征构建的决策森林数具备最高的识别率，少量特征的组合比 25 个特征都用的决策森林具备更好的分类效果。对于一个给定的训练样本，过大的网络往往产生的决策森林比更少特征组合的森林数分别能力更差，多个特征的融合常常产生更有效的对训练数据更好分类的分类器。由于过少的特征数将使决策边界的位置不能正确地确定。实验中，若特征数为 $M=4$、6 时的决策森林方案，在大数据集的测试中将产生不稳定情况，而采用 9~11 个特征数训练产生的森林树是最优的特征结合。表中 $Φ_2$ 组合在 $Φ_1$ 的基础上引入更多对火焰和烟雾运动描述的统计特征，$Φ_3$ 则是兼顾了 $Φ_2$ 特征的基础上增加了空间的偏导分量（对火焰边缘和烟雾区域表述有利）和 S、V 统计参数，这样虽然对火焰的识别率有所提高但对两种烟雾的识别率有所降低使总的归类精度稍微有所降低，$Φ_4$ 组合包含的特征过多，这样引入了许多对四类区域的归类具备模糊边界的特征，反而使分类精度下降。故过少的特征组合将产生过于简单的随机决策森林树，而组合中特征数的过多将使得决策过分依赖一些特别实例而产生非归纳性的偏向。

表 3.4 用于随机森林树训练的主要特征组合及识别率

特征数量	火焰和烟雾主要特征组合（以重要性降序方式排列）	正检率帧/%	运行时间/s（每 100 帧），不加遴选	运行时间/s（每 100 帧），加遴选
6($Φ_1$)	$\partial_t V$，M_o，$\sigma(\partial_t V)$，Y，S_H	79.4	5.3	1.71
9($Φ_2$)	$\partial_t V$，M_o，$\sigma(\partial_t V)$，Y，S_H，$\sigma(\partial_t V)$，$\sigma(\partial_t S)$，S_V，μV	98.5	5.2	1.73
13($Φ_3$)	$\partial_t V$，M_o，$\sigma(\partial_t V)$，Y，S_H，$\sigma(\partial_t V)$，$\sigma(\partial_t S)$，S_V，μV，I_y，I_x，S_S	97.3	9.3	2.2
22($Φ_4$)	$\partial_t V$，M_o，$\sigma(\partial_t V)$，Y，S_H，$\sigma(\partial_t S)$，$\sigma(\partial_t V)$，S_V，μV，I_y，I_x，S_S，C_r，M，y，R，B，K，μH，μS，C_b，G	83.6	11.9	3.7

5. 火焰和烟雾区域探测实验和分析

火焰和烟雾区域探测的搜索窗口尺寸为 16×16，在火焰、烟雾区域的遴选阶段，具备运动的区域都用蓝色标注，识别的火焰区域、白色烟雾区域和黑色烟雾区域用黄框、蓝框和白框标注，从空间分布上分析，无论是火灾爆发初期或者火灾熄灭期间，在空间上烟雾区域处在火焰的偏上周围部分。

图 3.15 的第一排为对较近白色烟雾的探测结果，此类烟雾的运动特征比较明显，不存在模糊特征区域，故 RF+Φ_1 与 RF+Φ_2 的探测结果比较接近。图 3.15 的第二排为对较远处黑色烟雾和红色火焰的探测结果，随机森林决策树与两种特征组合对火焰区域的探测都是正确的，而 RF+Φ_2 的探测结果排除了 RF+Φ_1 的对右边建筑物墙角移动树枝和虚影的假区域报警，如将搜索窗口尺寸改为 8×8，将获得更精细的探测结果。图 3.15 的第三排同时包括火焰和白色烟雾区域的探测结果。图 3.15(b)为遴选出在时频上变化且呈红色和白色色调的疑似火焰和烟雾的区域。对于图 3.15(c)的探测结果，由于采用 RF+Φ_1 组合，而包括对烟雾区分能力强的 V、S 的统计数据特征较少，而其判断运动的特征在起主要作用，易将黑色摇晃的树枝误判为黑色烟雾区域。图 3.15(d)为 RF+Φ_2 的探测结果，由于 HSV 的方差、偏度和均值的引入能甄别摇晃树枝与均匀移动烟雾的差异，明显提高了火灾区域验证的精确性和识别效率。

|（a）原图|（b）遴选的疑似区域|（c）RF+Φ_1|（d）RF+Φ_2|

图 3.15　采用颜色与动态特征组合的火焰和烟雾区域检测的结果

随机决策森林方法对于火焰、白色烟雾、黑色烟雾和非火焰非烟雾区域的多分类问题具备良好的泛化性能。合理的特征子集组合、决策森林训练特征数及决策树数量的合理选择将使随机决策森林的分类效果明显提高，采用各分量相邻帧差组成时空块间特征的统计数据可反映各特征的空间和时频分布属性。随机决策森林具备的泛化能力提高了火焰和烟雾探测系统的鲁棒性。采用稀疏表达的火焰和烟雾特征将为全局和局部表达其本质属性提供更合理的特征组合，后述章节将研究用随机决策森林对火焰和烟雾的稀疏表达特征进行分类研究。

3.6 遗传算法概述

遗传算法是基于大自然中物种自然选择的现象和规律，在计算机上模拟生物进化机制的寻优搜索算法。遗传算法把欲解决问题的搜索空间映射为遗传空间，把离散或连续变量表达的问题用表达染色体的串编码方式来表达为解编码。一个问题的解用一个染色体来表达，问题的所有可能解用染色体组来表达，并按预定的目标函数对每个染色体进行评价和分析，染色体组的各染色体通过选择复制、交叉和变异的组合过程就是目标函数求最优值的过程。遗传算法取代了穷举遍历的计算方法，使计算效率呈几何级的提高。遗传算法中涉及的一些技术术语主要包括：

（1）群体：又称种群、染色体群，它是个体的集合，代表着问题的解空间子集。

（2）群体规模：染色体群中个体的数目称为群体的大小或群体规模。

（3）适应度：用来度量种群中个体优劣的指标值，它通常表现为数值形式。

（4）选择：根据染色体对应的适应值和问题的要求，筛选种群中的染色体，适应度越高的染色体保存下来的概率越大，反之则越小，甚至被淘汰。

（5）交叉：指在一定条件下两条染色体上的一个或几个基因相互交换位置。

3.6.1 遗传算法的处理步骤

遗传算法处理过程中包含了五个基本要素：编码；确定初始群体；适应度函数设计；遗传操作；控制参数的设定。遗传算法是一种通过模拟自然进化过程搜索最优解的方法，其基本运算过程如下：

（1）初始化：设置进化代数计数器 $t=0$，设置最大进化代数 T，随机生成 M 个个体作为初始群体 $p_c(0)$。

（2）个体评价：计算群体 $p_c(t)$ 中各个个体的适应度。

（3）选择运算：将选择算子作用于群体。选择的目的是把优化的个体直接遗传到下一代或通过配对交叉产生新的个体再遗传到下一代。选择操作是建立在群体中个体的适应度评估基础上的。

（4）交叉运算：将交叉算子作用于群体。所谓交叉是指把两个父代个体的部分结构加以替换重组而生成新个体的操作。

（5）变异运算：将变异算子作用于群体。即是对群体中的个体串的某些基因上的基因值作变动。

（6）群体 $p_c(t)$ 经过选择、交叉、变异运算之后得到下一代群体 $p_c(t+1)$。

（7）终止条件判断：若 $t>T$，则以进化过程中所得到的具有最大适应度个体作为最优解输出，终止计算。

遗传算法的基本流程如图 3.16 所示，其中选择、交叉和变异是遗传算法中的三种基本遗传操作。

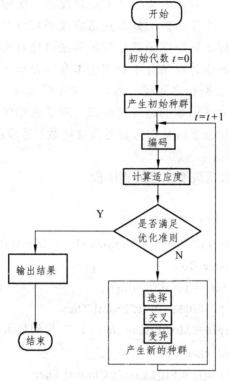

图 3.16　遗传算法流程图

遗传算法通过搜索可能的特征空间来寻找高适应度的染色体，也就是寻找不同的矩形位置，通过执行选择、交叉和变异操作来完成它的搜索。在实际应用中，遗传算法能够快速有效地搜索复杂、高度非线性和多维空间，遗传算法在稀疏字典的快速构建中也得到较好应用。

3.6.2　遗传算法的参数选择

1. 确定初始群体

由多个染色体组成具有一定群体规模的染色体集合（或称解的集合）。遗传算法将基于这个集合进行遗传操作，每一轮操作（包括选择、交叉、变异）后生存下来的染色体将组成新的种群，遗传过程的发展与初始种群有关，而初始种群的选取与实际问题有关，通常初始种群是随机产生的，也可强制规定初始种群的各个个体的原始范围。

2. 适应度函数选择

适应度是用来度量种群中个体优劣（符合条件的程度）的指标值。适应度函数基本上依据优化问题的目标函数而定。当适应度函数确定以后，自然选择规律是以适应度函数值的大小以及问题的要求来确定哪些染色体适应生存，哪些该被淘汰。适应度函数为群体中每个可能的染色体指定一个适应度值。同时，适应度函数必须有能力计算搜索空间中每个确定的染色体的适应度值。实际应用中，它通常表现为数值形式。遗传算法对一个个体解的好坏用适应度函数值来评价，适应度函数值越大或越小，解的质量越好。适应度函数是遗传算法进化过程的驱动力，也是进行自然选择的唯一标准，它的设计应结合求解问题本身的要求而定。如对于旅行最短路径 TSP 问题，遍历各城市路径之和越小越好，这样可以用可能的最大路径长度减去实际经过的路径长度作为该问题的适应度函数。对于火焰区域判断问题则考虑火焰模板与搜索到的区域的颜色互信息作为其适应度函数。适应度选择的主程序段如下：

```
procedure EvaluateFit();
var//评价适应度并求适应度序号的程序段
i: Integer;
begin//计算总的适应度和平均适应度
    TotalFit := 0;MostFitChrom := PopSize+1;      LeastFitChrom := 1;
    For i:=1 To PopSize Do
        begin TotalFit := TotalFit+Fit[i];
            If Fit[i] > Fit[MostFitChrom] Then
                begin   MostFitChrom := i; //  找到最大适应度的基因组
                end  else
                If Fit[i] < Fit[LeastFitChrom] Then
                    begin      //找到最小适应度的基因组
                        LeastFitChrom := i;
                    end
                else ;
        end;
    EvenFit := TotalFit/PopSize;
    //用新一代的最优值取代上一代最差值并将之放在 p[popsize+1]中
    Replacement();
end;
```

用上一代适应度最大者替换掉这一代中适应度最小的染色体的具体程序段如下：

```
procedure Replacement();
var//染色体依适应度替换的程序段
j: Integer;
begin//用上一代适应度最大者替换掉这一代中适应度最小的染色体
    If Fit[LeastFitChrom] < Fit[PopSize+1] Then
    begin
        Fit[LeastFitChrom] := Fit[PopSize+1]; //  上一代适应度最大者
```

```
          For j:=1 To ChromSize Do
              GrayPopulation[LeastFitChrom][j] := GrayPopulation[PopSize+1][j];
      end
      else ;
      If Fit[MostFitChrom] > Fit[PopSize+1] Then
      begin //寻找最优个体并放在最后一个编码
          Fit[PopSize+1] := Fit[MostFitChrom];
          For j:=1 To ChromSize Do//复制最优个体对应的染色体
              GrayPopulation[PopSize+1][j] := GrayPopulation[MostFitChrom][j];
      End   else;
  end;
```

3. 遗传操作

遗传算法使用选择遗传算子运算来进行选择以实现对群体中的个体进行优胜劣汰操作，适应度高的个体被遗传到下一代群体中的概率大，适应度低的个体被遗传到下一代群体中的概率小。选择操作的任务就是按某种方法从父代群体中选取一些个体，遗传到下一代群体，选择、交叉和变异是遗传算法中的三种基本遗传操作。基本遗传算法中常采用轮盘赌选择的方法，轮盘赌选择又称比例选择算子，即认为各个个体被选中的概率与其适应度函数值大小成正比。设群体大小为 n，个体 i 的适应度为 F_i，则个体 i 被选中并遗传到下一代群体的概率为：

$$P_i = F_i / \sum_{i=1}^{n} F_i \qquad\qquad (3\text{-}38)$$

遗传算子的交叉运算，是指对两个相互配对的染色体依据交叉概率按某种方式相互交换其部分基因，从而形成两个新的个体。交叉运算在遗传算法中起着关键作用，它是产生新个体的主要方法。

（1）选择操作。

当利用交叉和变异产生新的一代时，有很大的可能会把在某个中间步骤中得到的最优解丢失掉，而选择操作是根据染色体对应的适应度值和问题的要求，在遗传过程中对染色体进行取舍的运算。选择操作通常选用适应度比例法，它是以适应度的大小为比例进行遗传过程中的父体选择，适应度越高的个体被选中的机率就越大，使得处于优势的个体有更多的繁衍机会。选择操作的具体流程是：

① 计算出群体中第 i 个个体的适应度 Fit[i]，并得到相应的累计值 FitSum[i]，而群体中最后一个累计和为 FitSum[n]；

② 在[0, FitSum[n]]区间内随机的生成 0~FitSum[n]产生随机数 RandomSum；

③ 依次用 FitSum[i] 与 RandomSum 相比较，从第一个个体开始累加，直到累加值大于此随机数 RandomSum，此时最后一个累加的个体便是要选择的个体。

④ 重复②③步，直至满足所需选择的个体数目，将选择好的各染色体置成将参

加遗传算子运算的中间染色体数组,这就是一个择优轮盘赌方式的基因个体的选择过程。基因个体选择操作的程序段如下：

```
procedure Selection();
var//选择操作的程序段
    pick,fitSum,sum:Real;
    PopulationNum,i,j:Integer;
begin
    Randomize; sum := 0.0;PopulationNum :=1;FitSum :=0.0;
    while PopulationNum<=PopSize do
      begin
        pick :=Random; sum :=TotalFit*pick; //pick 取值在 0~1
            if(TotalFit<>0)then
                begin
                    i :=1;    fitSum := 0.0;
            while sum>=fitSum do begin  fitSum :=fitSum+Fit[i];        i :=i+1;    end;
                    For j:=1 To ChromSize Do
                    MidPopulation[PopulationNum][j] := GrayPopulation[i-1][j];
                    PopulationNum:=PopulationNum+1; //while PopulationNum<=PopSize
                    end;
            end;
    end;
```

（2）交叉操作。

交叉操作模拟了生物进化过程中的优化繁殖现象，通过两条染色体上的一个或几个基因相互交换位置而产生新的优良物种。交叉算子中最简单的单点交叉算子的作用过程如下：首先在匹配集中任选两个染色体，这对染色体称为双亲染色体，然后随机选择一点交换点位置 k（$1 \leqslant k \leqslant N$，$N$ 是染色体数字串的长度），最后按交叉概率交换双亲染色体交换点右边的部分而生成后代染色体。单点交叉算子的一个重要特性是它可产生与原配对串完全不同的子代串，同时它不会改变原配对串中相同的位，极端情况下是两个配对串相同时，交叉算子将不起作用。交叉操作运算的程序段如下：

```
procedure CrossOver();
var//按交叉概率执行交叉运算的程序段
i,j: Integer;
    MateChrom: Integer;
    Crosspos: Integer;
    MidChromSize: Integer;
begin
    GoThoughMatingPool();      Randomize;i :=1;
```

```
repeat
        MateChrom := MatingPool[i+1]; //轮盘赌选择哪一组基因
        If random <= P_CrossOver Then
            begin //满足交叉概率开始
        SumCrossOver :=SumCrossOver+1;
        CrossPos := Random(ChromSize-1)+1;// 交叉位置按基因组长度的随机数取
                MidChromSize := trunc(ChromSize/2); //取基因组的一半长
                    For j:=3 To 8 Do //交叉发生取基因组的前一半长 Y 的基因码
                    ChromSwap(i,MateChrom,j);
                For j:= 12 To 16 Do    //DownTo
                ChromSwap(i,MateChrom,j);//交叉发生取基因组的前一半长 X 的基因码
                end    //满足交叉概率结束
        else ;
        For j:=1 To ChromSize Do
GrayPopulation[i][j] := MidPopulation[i][j];//交叉完成后的交叉基因放回基因群组
            For j:=1 To ChromSize Do
//交叉完成后的交叉基因放回基因群组
    GrayPopulation[MateChrom][j] := GrayPopulation[MateChrom][j];
//交叉是相互的,已经是涉及两倍的数量组各基因，i=i+1 没必要，而是取 i:= i+2
i := i+2;
        until i>PopSize;
end;
```

（3）变异运算。

遗传算法具备较强的局部搜索能力，也很容易使解陷入到局部极值，为了跳出局部极值就需除去掉当前的一些优秀个体而保持种群的多样性，让当前一些非极值区域的点有可能成为极值区域的点，这就需要变异操作。变异是指依据变异概率将个体编码串中的某些基因值用其他基因值来替换而形成一个新的个体的过程。变异运算决定着遗传算法的全局搜索能力。交叉运算和变异运算的相互配合，共同完成对搜索空间的全局搜索和局部搜索。控制变异的概率 P_m 也不能取得太小，使之全局搜索能力得到保证，变异概率 P_m 也不能取得太大，如当 $P_m > 0.5$ 时，这时遗传算法就偏向于随机搜索。

① 基本位变异算子。

基本位变异算子是指对个体编码串随机指定的某一位或某几位基因作变异运算。对于基本遗传算法中用二进制编码符号串所表示的个体，若需要进行变异操作的某一基因座上的原有基因值为 0，则变异操作将其变为 1；反之，若原有基因值为 1，则变异操作将其变为 0。

如变异前为：00000111000000010000，变异后为：00000111000100010000。

② 逆转变异算子（用于互换编码）。

在个体中随机挑选两个逆转点，再将两个逆转点间的基因交换，下面的"3"和"2"就是逆转点间的基因交换点。

如变异前为：9346798205，变异后为：9246798305。

变异运算用来模拟生物在自然的遗传环境中由于各种偶然因素引起的基因突变，它以一个很小的变异概率 P 随机地改变遗传基因（表示染色体的符号串的某一位）的值。在染色体以二进制编码的系统中，它随机地将染色体的某一个基因由 1 变成 0，或由 0 变成 1。如下面是二进制编码部分变异操作的示例。

父代个体 1：10101101   子代个体 1：00101101

父代个体 2：10011001   子代个体 2：11011001

变异操作的程序段如下：

```
procedure Mutation();
var//变异操作的程序段
    i,MutationPosition :Integer;
  begin //变异操作为了跳出局部极值点,与原来上一代的基因群完全无关
      Randomize;
  for i :=1 to PopulationSize do //最优的那个基因组（PopulationSize+1）是不变异的
      begin
      //在哪个基因组发生变异的可能性由变异率决定
      if(Random<=probability_Mutation)then
        begin    MutationPosition:=Random(ChromSize)+1;
        //选中的基因组中各位都选反位
        if GrayPopulation[i][MutationPosition]=1 then
            GrayPopulation[i][MutationPosition] := 0
            else GrayPopulation[i][MutationPosition] := 1;
            SumMutation:=SumMutation+1;   //记下变异的总次数
        end;    end;
  end;
```

4. 参数选择

遗传算法运行时选择的参数应该视解决的具体问题而定，常用的方法就是反复实验而得到比较满意的参数，每个具体系统中采用遗传算法中一般性的推荐参数：

交叉率一般来说应该比较大，推荐使用 80%~95%，同时随着进化代数的增加，交叉率也是可变的。

变异率一般来说应该比较小，一般使用 0.5%~1%最好，用于控制解决陷入局部最优点问题。

种群规模决定着群体中个体的个数，这要依据系统所求适应度函数涉及的范围而定，在一定程度上它确定了特征的采样频率，如一条二维曲线求最大值的问题，这就看

曲线的 X 自变量的区间大小而确定种群个数。而一个三维曲面求峰值，就要由底平面的长、宽和面积确定种群个数。对于森林火焰区域而言，种群规模需要由所摄入的森林图片的分辨率而确定，比较大的种群规模并不能优化遗传算法的结果，有时与种群的初步分布有关，如按单位面积给每个子区域几个种子点而不是随机分布种子点，这样可减少种群规模和提高搜寻最优值的效率，种群的大小推荐使用 20~30。一些研究表明，种群规模的大小取决于编码的方法，具体地说就是编码串的大小。如果说一系统原采用 32 位基因编码串长，那么当采用 16 位基因编码串长时种群的规模相应变为原来的两倍。种群的规模也可以通过遗传运算中的一些参数的合理选择而减少。

遗传算法的主要参数有群体规模和算法执行的最大代数，次要参数有交叉概率 P_c 和变异概率 P_m 等参数。遗传运算的终止取决于进化代数，通过设定一个计数器，如果连续 N 代出现的最优个体的适应度都一样时（严格地说应该是，连续 N 代子代种群的最优个体适应度都 ≤ 父代最优个性的适应度），可以终止运算。是否满足停止准则便可参照遗传运算的终止进化代数而定。

一般从运算效率的角度考虑，种群的规模不要选取过大或过小。选择较大数目的初始种群可以同时处理更多的解，因而容易找到全局的最优解，其缺点是增加了每次迭代的时间，建议最佳参数范围是：初始种群 $n=20\sim100$。交叉率的选择决定了交叉操作的频率，频率越高则越快地收敛到最有希望的最优解区域，因此一般选取较大的交叉率，但太高的频率也可能导致过早收敛，一般取值 $P_c=0.4\sim0.9$。变异率的选取一般受种群大小、染色体长度等因素影响，通常选取很小的值，一般取 $P_m=0.001\sim$ 0.1。若选取高的变异率，虽然增加了样本模式的多样性，但可能会引起不稳定。种群规模及染色体长度越大，则变异率应选取越小。

在基本遗传算法中的这些参数变化范围不大，如果要提高遗传算法的性能，则往往需要借助对基本遗传算法的改进，如适应度比例调整、引入自适应交叉率和变异率等。

3.6.3 基于遗传算法的森林火灾自动识别的分类方法

1. 基于遗传算法的森林火灾识别系统软件构成

森林火灾是对林业和自然环境破坏性较大的灾害之一。传统的火灾监测方法包括感烟、感温、感光探测以及红外探测。由于传统方法的局限性导致无法有效及时地探测到火灾的发生，随着计算机技术的不断发展，基于图像视觉的火灾探测技术也逐步被应用。

森林火灾的探测目的是根据输入的监控图片判断该监控范围是否发生火灾。目前大部分判断方法是直接对输入图片进行火灾区域分割以达到目的。目前图像分割方法有阈值分割法、边缘检测法、区域生长法等，但是这些方法在分割火灾区域图像时，多数是在图像灰度化的基础上进行的，这将过早地丢失了火焰的彩色信息，从而导致无法准确地区分火焰和火焰颜色特性接近的高亮物体。有研究者采用 HSV 颜色空间分割火焰区域，同样对 H、S、V 分量分别采用经验阈值分割。由于这些算法大多数过分依赖经验阈值，需要通过对大量火灾图像进行实验来获取经验阈值，而且火灾图像在获取过程中因天气、环境等变化，阈值需要不断被调整。若选取的阈值不合适，就很难准确地提取出火焰区域，给后续的火灾特征提取和识别增加难度。

本研究用图像配准法来代替直接分割法，即将火焰模板库中的火焰图像与监控台输入的图像的各区域进行配准，运用遗传算法取代穷举遍历，将区域图像间的互信息作为图像的匹配标准即适应度函数，考虑火灾图像的彩色空间分布特征及其颜色跳跃性，选择图像的邻域颜色矩直方图作为互信息的矢量特征，下面具体介绍本研究涉及的火焰区域定位和分析的各关键技术。

森林火灾自动识别系统的硬件环境包括主机、云台、CCD 摄像机、图像采集卡和其他附属设备。数据文件传输包括网络方式传输和 USB 传输方式，程序通过控制云台的移动而监控森林区域，用遗传算法取代穷举法而快速查找图像中是否有火焰区域。

本系统按功能主要由四大模块构成，分别为主模块、森林火灾图像预处理及感兴趣区域提取模块、疑似火焰区域特征提取与变换模块、疑似火焰区域分类识别与校验判断模块。森林火灾识别系统模块组成如图 3.17 所示，遗传算法的森林火灾识别软件主界面如图 3.18 所示。

图 3.17　森林火灾自动识别系统的功能模块划分

图 3.18　基于遗传算法的森林火灾识别软件主界面

2. 森林火灾火焰区域的特征提取

鉴于一般的火灾图像的各种分割方法均适用于背景与目标有明显区别的图像分割,而考虑到野外监控台输入的火灾图像多数是在背景高亮情况下拍摄,故若在 RGB 颜色空间很难对其用一般方法进行有效分割,但其在其他颜色空间,比如在 HSV 空间,其 S 通道直方图呈现明显的双峰状,为此提出在不同颜色空间实验各种分割方法。下面将详细介绍颜色空间模型的选取方法。

所谓颜色模型(或叫彩色空间)是在某些约定和标准下用一般可接受的方式表现的简化彩色规范。颜色模型有多种,包括用于显示和打印的 RGB、CMY/CMYK 模型,颜色比配值均为正的 CIE-XYZ 颜色模型,用于视频信号的 YIQ、YUV、YC_bC_r 模型,归一化的颜色模型 RGB、XYZ,主观视觉颜色模型 HSV、HIS、HSL,均匀颜色模型 CIE-LUV、CIE-LAB,还有对强烈光线不敏感的 $I_1I_2I_3$ 颜色模型以及对彩色照明具有较强鲁棒性的 $m_1m_2m_3$ 颜色模型。下面主要介绍一下几种常用的彩色模型:RGB、HSV、HSL、HIS 和 CMYK 模型。以如图 3.19 所示的一森林及火灾区域原图为例,它包含的彩色信息和彩色特征特别丰富,其在不同颜色空间中表现形态也不同,实验中给出它在这五个颜色空间的各单通道的图像输出及其直方图统计。

2010-03-21 星期日 16:05:56

图 3.19　一森林及火灾区域原图

(1)各颜色模型。

① RGB 颜色模型。

RGB 颜色模型最常用的用途是显示器系统,如彩色监视器和彩色视频摄像机等。RGB 彩色系统构成了三维彩色空间 (R,G,B) 坐标系中的一个立方体,RGB 颜色模型的三个坐标 R、G、B 都量化为 0 到 255,共 256 个等级,0 对应于最暗,而 255 对应于最亮,所有的颜色点都将位于一个边长为 256 的彩色立方体中,任一点 (r,g,b) 都表示一种颜色,其中 $0 \leqslant r \leqslant 255, 0 \leqslant g \leqslant 255, 0 \leqslant b \leqslant 255$。由三基色原理知道,利用 R、G、B 三色不同比例的混合均可获得一种特定的颜色,其公式为:

$$C = \alpha R + \beta G + \gamma B \qquad (3-39)$$

式中,C 为某一种颜色的综合表达;R、G、B 为红、绿、蓝三种基色;α、β、γ 为其相应的比例因子。在 RGB 空间中的 R、G、B 三个分量是高度相关的,即一个分量发生改变,其他分量都会相应改变,而且因为 RGB 是一种很不均匀的颜色空间,故颜色空间中两点间的距离并不能表示人眼视觉上颜色的相似性(色差),图 3.20 为在 RGB 空间各单通道输出图像,图 3.21 为其相应的单通道的直方图。

(a)R 通道图像　　　　　　(b)G 通道图像　　　　　　(c)B 通道图像

图 3.20　RGB 颜色空间的各单通道图像

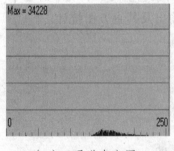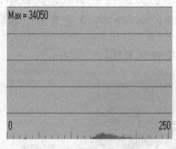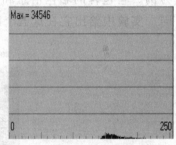

(a)R 通道直方图　　　　　(b)G 通道直方图　　　　　(c)B 通道直方图

图 3.21　RGB 颜色空间的各单通道直方图

② HSV 颜色模型。

HSV 颜色空间的模型对应于圆柱坐标系中的一个圆锥形子集,其各分量 H、S、V 分别表示 Hue、Saturation、Value,圆锥的顶面对应于 V=1。它包含 RGB 模型中的 R=1,G=1,B=1 三个面,所代表的颜色较亮。色彩 H 由绕 V 轴的旋转角给定。红色对应于角度 0°,绿色对应于角度 120°,蓝色对应于角度 240°。在 HSV 颜色模型中,每一种颜色和它的补色相差 180°。饱和度 S 取值从 0 到 1,所以圆锥顶面的半径为 1。在圆锥的顶点(即原点)处,V=0,H 和 S 无定义,代表黑色。圆锥的顶面中心处 S=0,V=1,H 无定义,代表白色。从该点到原点代表亮度渐暗的灰色,即具有不同灰度的灰色。对于这些点,S=0,H 的值无定义。形象地说,HSV 圆锥模型中的 V 轴对应于 RGB 立方模型中的主对角线。在圆锥顶面的圆周上的颜色,即 V=1,S=1 时,这时选择的颜色是纯色。下面给出 RGB 到 HSV 空间的转换公式。给定 RGB 颜色空间的值(r,g,b),其中 r、g、b∈[0, 255],则转换到 HSV 空间的(h,s,v)值的计算如下:设 $v' = \max(r,g,b)$ 定义 r'、g'、b' 为:

$$r' = \frac{v'-r}{v'-\min(r,g,b)}, \quad g' = \frac{v'-g}{v'-\min(r,g,b)}, \quad b' = \frac{v'-b}{v'-\min(r,g,b)} \quad (3\text{-}40)$$

则

$$v = v'/255$$

$$s = [v' - \min(r,g,b)]/v'$$

$$h' = \begin{cases} 5+b', r=\max(r,g,b), \ g=\min(r,g,b) \\ 1-g', r=\max(r,g,b), \ b=\min(r,g,b) \\ 1+r', g=\max(r,g,b), \ b=\min(r,g,b) \\ 3-b', g=\max(r,g,b), \ g=\min(r,g,b) \\ 3+g', b=\max(r,g,b), \ r=\min(r,g,b) \\ 5-r', else \end{cases} \quad (3\text{-}41)$$

$$h = 60 \times h' \quad (3\text{-}42)$$

式中，$r',g',b' \in [0,1]$，$h \in [0,360]$，$s,v \in [0,1]$。

图 3.22 为在 HSV 空间各单通道图像，图 3.23 为其各单通道的直方图。

（a）H 通道图像　　　　　（b）S 通道图像　　　　　（c）V 通道图像

图 3.22　HSV 颜色空间的各单通道图像

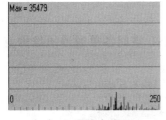 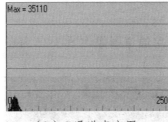 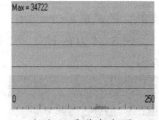

（a）H 通道直方图　　　　（b）S 通道直方图　　　　（c）V 通道直方图

图 3.23　HSV 颜色空间的各单通道直方图

③ HSL 颜色模型

HSL 颜色空间是对颜色有一定区分度的特征空间，其各分量 H、S、L 分别表示色度 Hue、饱和度 Saturation 和亮度 Lightness，它可用六角形锥体形象化地表现其颜色模型，考虑到像素颜色具体操作的软件实现采用 RGB 颜色空间，而对颜色的分割和分类更易于在 HSL 中实现，需要实现从 RGB 到 HSL 的合理转化。给定 RGB 颜色空间的值 (r,g,b)，其中 $r,g,b \in [0,255]$，则转换到 HSL 空间的 (h,s,l) 值的计算如下：设将 (r,g,b) 归一化得 (r',g',b') 为：

$$r' = \frac{r}{255}, \ g' = \frac{g}{255}, \ b' = \frac{b}{255} \tag{3-43}$$

设 $Min = \min(r',g',b')$，$Max = \max(r',g',b')$，$\Delta = Max - Min$，则有：

$$l = \frac{Max + Min}{2} \tag{3-44}$$

$$\Delta R = \left[(Max - R')/6 + \Delta/2 \right]/\Delta$$

$$\Delta G = \left[(Max - G')/6 + \Delta/2 \right]/\Delta$$

$$\Delta B = \left[(Max - B')/6 + \Delta/2 \right]/\Delta$$

$$s = \begin{cases} 0, & \Delta = 0 \\ \dfrac{Max}{Max + Min}, & \Delta \neq 0 \ \text{且} \ l < 0.5 \\ \dfrac{Max}{2 - Max - Min}, & \Delta \neq 0 \ \text{且} \ l \geqslant 0.5 \end{cases} \tag{3-45}$$

$$h = \begin{cases} 0, & \Delta = 0 \\ \Delta B - \Delta G, & \Delta \neq 0 \ \text{且} \ R' = Max \\ \dfrac{1}{3} + \Delta R - \Delta B, & \Delta \neq 0 \ \text{且} \ G' = Max \\ \dfrac{2}{3} + \Delta G - \Delta R, & \Delta \neq 0 \ \text{且} \ B' = Max \end{cases} \tag{3-46}$$

式中，$r',g',b',h,s,l \in [0,1]$。

图 3.24 为在 HSL 空间各单通道图像，图 3.25 为在 HSL 空间各单通道图像的直方图。

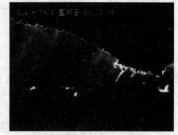

（a）H 通道图像　　　　　（b）S 通道图像　　　　　（c）L 通道图像

图 3.24　HSL 颜色空间的各单通道图像

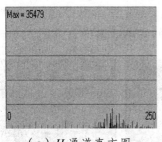

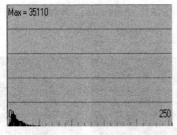

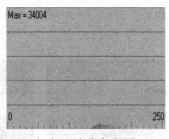

（a）H 通道直方图　　（b）S 通道直方图　　（c）L 通道直方图

图 3.25　HSL 颜色空间的各单通道的直方图

④ HSI 颜色模型。

HSI 模型是主观视觉颜色模型，采用了与人眼对颜色感知的视觉模型相似的颜色。它的优点是用一个描述亮度的属性和两个描述颜色属性的值来表示彩色图像。其中，H 表示色调（Hue），指光的颜色，反映该颜色最接近的光谱波长，不同波长的光呈现不同的颜色，具有不同的色调，发光物体的色调取决于它所产生的辐射光谱的分布特征。色调一般用角度表示，定义 0°为红色，120°为绿色，240°为蓝色。色调从定义 0°变化到 240°覆盖了所有可见光谱的颜色，在 240°到 300°的范围内，是人眼可见的非光谱色（紫色）。S 表示饱和度（Saturation），是色环的原点（圆心）到彩色点的半径长度，指颜色的深浅或浓淡程度，它的深浅与颜色中加入白色的比例有关。饱和度一般用百分比度量，在环的外围圆周上是纯的，或者称为饱的颜色，其饱和度为 100%（完全饱和），在中心点处的饱和度为 0%（纯灰色）。I 表示光照强度（Intensity），是人眼感知到的光的明暗程度，光波的能量越大，亮度就越大，它确定像素的整体亮度，圆柱体的圆心轴表示从黑到白不同深浅的灰色。

⑤ CMYK 颜色模型

CMYK（Cyan, Magenta, Yellow, Black）颜色空间主要应用于印刷工业，通过青（C）、品（M）、黄（Y）三原色油墨的不同网点面积率的叠印来表现丰富多彩的颜色和阶调，这便是三原色的 CMY 颜色空间。CMYK 颜色空间是和设备或者是印刷过程相关的，也就是说对同一种具有相同绝对色度的颜色，在相同的印刷过程前提下，可以用多种 CMYK 数字组合来表示和印刷出来，这给颜色控制带来了很多的灵活性。如给定 RGB 颜色空间的值（R,G,B），其中 $R, G, B \in [0, 255]$，则转换到 CMYK 空间的（C、M、Y、K）值的计算如下：

$$\begin{bmatrix} C \\ M \\ Y \end{bmatrix} = \begin{bmatrix} G_{max} \\ G_{max} \\ G_{max} \end{bmatrix} - \begin{bmatrix} R \\ G \\ B \end{bmatrix} \tag{3-47}$$

$$K = \min(C, M, Y)$$

$$C = C - K$$

$$M = M - K$$

$$Y = Y - K$$

式中，G_{max} 是每个矢量分量的最大允许值；$C, M, Y, K \in [0, 255]$。图 3.26 为上述森林图片在 CMYK 空间各单通道输出图像，图 3.27 为其相应的各单通道的直方图。

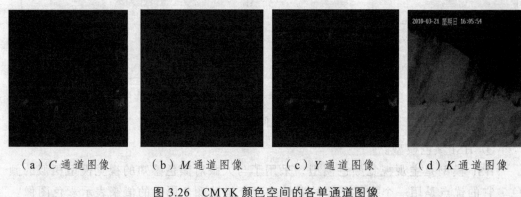

（a）C 通道图像　（b）M 通道图像　（c）Y 通道图像　（d）K 通道图像

图 3.26　CMYK 颜色空间的各单通道图像

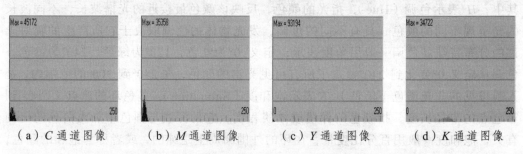

（a）C 通道图像　（b）M 通道图像　（c）Y 通道图像　（d）K 通道图像

图 3.27　CMYK 颜色空间的各单通道图像的直方图

（2）空间模型的选择。

由以上五种颜色模型及火焰图像在模型中分布情况可知，RGB 彩色空间各分量都是线性相关的，特别是在自然环境下拍摄的森林图像，整个图片偏白，图中每一点的红绿蓝各成分无较大差异性，不适宜作为分割或配准的彩色特征，而实验中作为有效区分的颜色特征一般采用 HSL 和 HSV 彩色空间的各分量，这是由于这些彩色空间的颜色特征和区别更适应于人类对颜色的反映和感知。在实验中发现对于森林火焰、一般植物和山体图像的区别在 HSL 空间中考虑，火焰的 H、L 分量与泛白的天空的 H、L 分量几乎相同，而火焰的 S 分量与其他植物、山体和天空图像的 S 分量有比较大的区别，但天空和山脊等光亮度比差较大的区域的 S 分量又与森林火焰的 S 分量比较接近，故不宜采用 HSL 空间的各分量作为森林火焰识别的彩色特征。如用 HSV 空间的各分量作为森林火焰识别的彩色特征，火焰的 H、V 分量与泛白的天空的 H、V 分量比较相近，但跟其他植物、山体等的 H、V 分量有较大区别，但森林火焰的 S 分量与其他植物、山体、天空等的 S 分量有较大的区别，故 HSV 颜色空间比 HSL 颜色空间作为森林火焰的定义和区分空域具有更大的合理性。同理，在 HSI 颜色空间，从森林图像在各单通道上的分布来看，森林火焰的 H、I 分量与泛白的天空的 H、I 分量比较接近，但与其他植物、山体等的 H、I 分量有明显区别，但森林火焰的 S 分量很好地将其与其他山体、植物、天空等区别开，在 S 通道上的分布直方图几乎接近双峰状,因此 HSI 颜色空间又比 HSV 颜色空间作为森林火焰的颜色定义更具合理性。若用 CMYK 颜色空间的各分量作为森林火焰识别的颜色特征,火焰的 C 分量与山体的 C 分量几乎一致,其 K 分量与天空的 K 分量一致,但森林火焰的 M、Y 分量与其他山体、天空、植物等的 M、Y 分量有着明显的区别,故 CMYK 颜色空间作为森林火焰颜色定义效果更优于 HSI 颜色空间。用下式给出以上所介绍的五种颜色空间各分量作为森林火焰颜色定义的合理性程度关系:

$$CMYK > HSI > HSV > HSL > RGB \tag{3-48}$$

通过不同颜色空间下的四种分割方法的效果图可以进一步证明上式的有效性。该系统的识别方法是用图像配准法代替直接分割法,即将火焰模板库中的火焰图像与监控台输入的图像的各区域进行配准,选择 CMYK 颜色空间更能描述火焰的特异性,运用遗传算法取代穷举遍历从而获得精确的初定位,将初定位区域与火焰图像的互信息作为定位及判断是否发生火灾的进一步校验运算。考虑火灾图像的彩色空间分布特征及其颜色跳跃性,选择图像的矩形邻域内的颜色矩矢量作为火焰定位校验以提高精确度。

3. 基于空域坐标表达的格雷码的采用

(1)二进制格雷码与自然二进制码的互换。

在数字系统中通常的底层信息的表达为 0 和 1,各种数据要转换为二进制代码才能进行处理,而格雷码是一种无权码,采用绝对编码方式。典型格雷码是一种具有反射特性和循环特性的单步自补码,它的循环、单步特性消除了随机取数时出现重大误差的可能。格雷码属于可靠性编码,是一种错误最小化的编码方式。因为,自然二进制码可以直接由数/模转换器转换成模拟信号,但在某些情况下,例如,从十进制的 3 转换成 4 时二进制码的每一位都要变,使数字电路产生很大的尖峰电流脉冲。而格雷码则没有这一缺点,它是一种数字排序系统,其中的所有相邻整数在它们的数字表示中只有一个数字不同。它在任意两个相邻的数之间转换时,只有一个数位发生变化。它大大地减少了由一个状态到下一个状态时逻辑的混淆。另外,由于最大数与最小数之间也仅有一个数不同,故通常又叫格雷反射码或循环码。

二进制格雷码与自然二进制码的互换,其法则是保留自然二进制码的最高位作为格雷码的最高位,而次高位格雷码为二进制码的高位与次高位相异或,而格雷码其余各位与次高位的求法相类似。

二进制码->格雷码(编码)的转换方法:从最右边一位起,依次将每一位与左边一位异或(XOR),作为对应格雷码该位的值,最左边一位不变(相当于左边是 0);

格雷码->二进制码(解码)的转换方法:从左边第二位起,将每位与左边一位解码后的值异或,作为该位解码后的值(最左边一位依然不变)。

常用十进制数、自然二进制码与格雷码转换的对照表如表 3.5 所示。

表 3.5 常用十进制数、自然二进制码与格雷码的对照表

十进制数	自然二进制码	格雷码	十进制数	自然二进制码	格雷码
0	0000	0000	8	1000	1100
1	0001	0001	9	1001	1101
2	0010	0011	10	1010	1111
3	0011	0010	11	1011	1110
4	0100	0110	12	1100	1010
5	0101	0111	13	1101	1011
6	0110	0101	14	1110	1001
7	0111	0100	15	1111	1000

（2）自然二进制码转换成二进制格雷码。

自然二进制码转换成二进制格雷码，其法则是保留自然二进制码的最高位作为格雷码的最高位，而次高位格雷码为二进制码的高位与次高位相异或，而格雷码其余各位与次高位的求法相类似。具体方法如下：

某二进制数为：$B_{n-1}B_{n-2}...B_2B_1B_0$

其对应的格地雷码为：$G_{n-1}G_{n-2}...G_2G_1G_0$

首先保留高位：$G_{n-1}=B_{n-1}$

其他各位进行异或运算：$G_i = B_{i+1} \oplus B_i$ $i=0,1,2,\cdots,n-2$

异或运算的规则是：两者相同取为 0，两者相异取为 1。

例如：

二进制码： 1   0   1   1   0

转换操作： $\oplus$ $\oplus$ $\oplus$ $\oplus$

格雷码：   1   1   1   0   1

自然二进制码转换成二进制格雷码的程序段如下：

```
procedure BinaryToGray(const chrom:integer);
var //自然二进制编码转变为格雷码的程序段
power,j,ChromInt: Integer;
begin   //两种码制的最高位不变
    GrayPopulation[chrom][1]:=BinaryPopulation[chrom][1];
    for j:=2 to ChromSize do //从次高位开始进行异或操作
    begin
GrayPopulation[chrom][j]:= BinaryPopulation[chrom][j-1] xor BinaryPopulation [chrom][j];
```

```
        end;
    end;
```

二进制格雷码转换成自然二进制码,其法则是保留格雷码的最高位作为自然二进制码的最高位,而次高位自然二进制码为高位自然二进制码与次高位格雷码相异或,而自然二进制码的其余各位与次高位自然二进制码的求法相类似。具体方法如下:

某二进制格雷码为: $\qquad G_{n-1}G_{n-2}...G_2G_1G_0$

其对应的二进制格雷码为: $B_{n-1}B_{n-2}...B_2B_1B_0$

首先保留高位: $\qquad B_{n-1}=G_{n-1}$

其他各位进行异或运算: $B_{i-1}=G_{i-1}\oplus B_i \quad i=1,2,\cdots,n\text{-}1$

异或运算的规则是:两者相同取为 0,两者相异取为 1。

例如:

二进制格雷码: 1   1   1   0   1

转换操作: ⊕   ⊕   ⊕   ⊕

二进制码: 1   0   1   1   0

二进制格雷码转换成自然二进制码的程序段如下:

```
procedure GrayToBinary(const Chrom: Integer);
var//格雷码转变为自然二进制码的程序段
power,j,ChromInt: Integer;
begin //两种码制的最高位不变
    BinaryPopulation[chrom][1]:=GrayPopulation[chrom][1];
    for j:=2 to ChromSize do
    begin //从次高位开始进行异或操作
BinaryPopulation[chrom][j]:=BinaryPopulation[chrom][j-1] xor GrayPopulation [chrom][j] ;
    end;
end;
```

得到的表示火焰区域坐标 X、Y 的基因的二进制编码最后还必须转变为十进制的整数,以便进行后续处理,将自然二进制码转变为十进制的整数程序段如下:

```
procedure ChromBinaryToInt(chrom: Integer);
var//表达坐标 X, Y 的基因的二进制编码变为十进制的整数的程序段
power,i,j: Integer;
begin
    if GA_FireRegionSearchForm.CodeSelectRadioGroup.ItemIndex=1 then
//按格雷码计算
    GrayToBinary(chrom) else
        for i:=1 to ChromSize do //按二进制编码计算
```

```
BinaryPopulation[chrom][i] :=GrayPopulation[chrom][i];
ChromIntX := 0; ChromInty := 0; power := 1;
For j:=ChromSize DownTo TRUNC(ChromSize/2)+1 Do //取 X坐标
  begin
ChromIntX := ChromIntX+BinaryPopulation[chrom][j]*power;   power := power*2;
    end;
   power := 1;
 For j:=TRUNC(ChromSize/2) DownTo 1 Do //取 Y坐标
    begin
ChromInty = ChromIntY+BinaryPopulation[chrom][j]*power;power := power*2;
    end;
end;
```

遗传算法均适用于基因的二进制编码的直接编码（Normal）和格雷编码（Gray）这两种编码方式，考虑到目标搜索的有序性，而将整幅图片划分为 $n \times n$ 子块，即采用择优初始化的方法使得每个子块至少有一个种群表达的内点，通过将传统的二进制编码改进为格雷码，以减少普通二进码在变位时可能产生的 x、y 坐标值的突变。

4. 火焰区域搜寻的遗传算法聚类分析各参数选择

区域图像匹配的目的是找到样本区域与搜索区域最优的特征矢量匹配位置。将匹配位置从解空间转换到算法编码空间的过程即为编码，编码是本算法的一个关键步骤。最常用的编码方式是采用二进制编码作为基因串来表示匹配的 X、Y 坐标。但普通二进制编码的某一位变异时，编码所代表空间位置可能产生很大差异（比如：0000 和 0100 相差 8），这样会对图像匹配算法的收敛和精确度造成不利影响。二进制格雷码属于一种循环码，具有在相邻空间位置上只差一个比特的良好特性，满足相邻空间位置码形相似的要求。因此，考虑采用格雷码来代替二进制编码。实验中采用的地理位置 x、y 以二进制格雷码方式编码：

$$x_p x_{p-1} x_{p-2} \dots x_2 x_1 y_1 y_2 \dots y_{q-2} y_{q-1} y_q \qquad p = q \qquad (3\text{-}49)$$

将上面的 x、y 方向坐标的组合编译成格雷码，并参与遗传过程的交叉和变异。码字所用比特数 $p+q=L$ 和图像的尺寸大小有关，如 256×256 大小图像的 x、y 编码表为 32 位。

在图像中矩形搜索窗口的左上角点 X、Y 坐标编码的程序段如下：

```
procedure Encode();//初始给 X、Y 坐标编码
var //依种群个数和基因长度确定 X 坐标的二进制编码的程序段
 i,j: Integer;
begin    Randomize;
    For i:=1 To PopSize Do
```

//种群个数 PopSize,它决定了 X 坐标的有多少可能性,PopSize 值越大, X 坐标变化多

```
  begin
    For j:=1 To ChromSize Do //基因长度 ChromSize,它也决定了 X 坐标的最大取值
    begin
    BinaryPopulation[i][j] := Random(2); //取值为 010101110101010, 代表 X 坐标
    GrayPopulation[i][j]:=BinaryPopulation[i][j];//按二进制编码处理的情况
    end;
if   GA_FireRegionSearchForm.CodeSelectRadioGroup.ItemIndex=1 then
 BinaryToGray(i);
    end;//按格雷码处理的情况
  end;
特征矢量适应度函数的选择程序段如下:
procedure TGA_FireRegionSearchForm.CalculateFit();
var //计算在不同 X, Y 位置的各个体适应度程序段
ChromInt,i,j,k,grayV: Integer;
    R,G,B:integer;
    bmp:Tbitmap;
begin
bmp:=tbitmap.Create;
bmp.Width:=GA_FireRegionSearchForm.keyimage.picture.bitmap.width;
bmp.Height:=GA_FireRegionSearchForm.keyimage.picture.bitmap.Height;
For I:=1 To PopSize Do
begin   ChromBinaryToInt(i);
Answer_X:=ZoneLowerLimit+(ZoneUpperLimit-ZoneLowerLimit)*ChromIntx/
(Power(2,TRUNC(ChromSize/2))-1);
Answer_y := ZoneLowerLimit+(ZoneUpperLimit-ZoneLowerLimit)*ChromInty/
Power(2,TRUNC(ChromSize/2))-1);
            if (Answer_X>231) then Answer_X:=231;
            if (Answer_y>231) then Answer_y:=231;
if EvalueRadioGroup.ItemIndex=1 then    //按 256 彩色矢量进行搜索 Get331union
EntropyofTwoImageInColormomentClick(GA_FireRegionSearchForm.TestImage.Pi
cture.Bitmap,i);     //计算两幅图像 3*3 邻域颜色矩互信息
        if EvalueRadioGroup.ItemIndex=0 then //按 CYMK 颜色矩进行搜索
            BEGIN
        SearchedRegionColormoments(TRUNC(Answer_X),TRUNC(Answer_Y)) ;
            DistancleOfColormoments(I);
```

END;

  end;

 end;

  假设 M 为图片库中的火灾图片，其大小为 $H×W$；$B(x,y)$ 表示基准图像上以（x，y）为左上角的在其范围内的大小为 $H×W$ 的一幅截取图。这样我们可以定义适应度函数就是火焰样板图像与火灾窗口图像的互信息，如下：

$$S(x,y) = I(M, B(x,y)) = \sum_{i=0}^{255}\sum_{j=0}^{255} p_{MB}(i,j)\log\frac{p_{MB}(i,j)}{p_M(i)p_B(j)} \tag{3-50}$$

式中，$S(x,y)$ 为适应度函数；$I(M, B(x,y))$ 为 M，$B(x,y)$ 的邻域颜色矩互信息；$p_M(i)$、$p_B(j)$ 分别为 M，$B(x,y)$ 的邻域颜色矩概率分布；$p_{MB}(i,j)$ 为其联合邻域颜色矩概率分布。

  根据分析可以知道适应度函数随两幅图像之间相关程度增加而递增，当取值为 0 时，表示两幅图像完全独立，值越大其相关性越大，可见适应度函数与两幅图像间的相关性呈正比，那么我们找到 $S(x,y)$ 的最大值即达到目的。

  一般的种群初始化都采用随机选取。考虑到初始种群的质量将会影响到后代的质量，进而影响算法的收敛速度，我们采用了择优初始化方法，先将采集图片分成 $N×N$ 块，其中块的数量取决于种群个数，然后在每个子图块中至少随机产生一个个体，即搜索窗口原点的初始点在每个子块中都有，最后将其坐标进行编码。在对种群个体进行优胜劣汰的过程中，最常用的方法是适应度比例方法，为加快收敛速度，本研究在采用适应度比例的基础上，又保留了前一代的最优个体，并且在当前代最优个体差于前一代的情况下，用前一代的最优个体替换当前代的最优个体，以保证种群质量的递增性，同时在种群坐标间进行变异交叉时，考虑到随着迭代变化次数不断增大，坐标值的取值也趋于最优化，那么种群坐标间的交叉变异发生的位置也应该逐渐由坐标值二进制格雷码的高位向低位转变，为此我们可定义下面关系式：

$$B_{x,y} = f\left(\frac{L}{e^{-(countg-1)}}\right) \tag{3-51}$$

式中，$B_{x,y}$ 表示坐标（x，y）二进制格雷码发生交叉变异的位；L 表示坐标编码长度，即坐标的总位数；$countg$ 为迭代次数累加器；f 为取整算子，保证 $B_{x,y}$ 的值为 $1,2,3,...,L-1,L$，即变异过程保证火焰区域定位进行合理有控地跳跃到优值点不能陷入局部最优点，而随着遗传代数的增加，群组中大部分的（x，y）的坐标变化逐步由高位向低位进行交叉运算，即这时（x，y）的坐标是逼近优值点而不是跳跃到优值点。

  森林图像在 CMYK 彩色模型下的火焰区和非火焰区的 C 分量没有大的区别而不被采用，而 M、Y、K 分量的各低阶矩有着很大的区别，考虑到火焰区域的初定位要求计算速度快等因素而采用样本图和搜索区域的 M、Y、K 三个低阶矩的欧式距离作为适应度函数，该距离越小，则表示两个区域的颜色特征越相似，取权重后的适应度函数定义如下：

$$D = (\alpha 1, \alpha 2, \alpha 3) \begin{bmatrix} (\mu_{Mt} - \mu_{Mr})^2 \\ (\mu_{Yt} - \mu_{Yr})^2 \\ (\mu_{Kt} - \mu_{Kr})^2 \end{bmatrix} + (\beta 1, \beta 2, \beta 3) \begin{bmatrix} (\sigma_{Mt} - \sigma_{Mr})^2 \\ (\sigma_{Yt} - \sigma_{Yr})^2 \\ (\sigma_{Kt} - \sigma_{Kr})^2 \end{bmatrix}$$
$$+ (\gamma 1, \gamma 2, \gamma 3) \begin{bmatrix} (s_{Mt} - s_{Mr})^2 \\ (s_{Yt} - s_{Yr})^2 \\ (s_{Kt} - s_{Kr})^2 \end{bmatrix}$$

（3-52）

式中，μ_{Mt} 表示火焰样本的 M 分量的一阶矩；μ_{Mr} 表示被检测窗口区域的 M 分量的一阶矩。其中，$\alpha 1$, $\alpha 2$, $\alpha 3$ 确定着 M、Y、K 分量的一阶矩在适应度函数中的权重，实验中取 3，4.5，1；$\beta 1$, $\beta 2$, $\beta 3$ 决定着 M、Y、K 分量的二阶矩在适应度函数中的权重，实验中取 2.5，3，1；$\gamma 1$, $\gamma 2$, $\gamma 3$ 决定着 M、Y、K 分量的三阶矩在适应度函数中的权重，实验中取 2.5，3，1；$\alpha 2$, $\beta 2$, $\gamma 2$ 权重比较大是因为火焰区域的 Y 分量能在很大程度上区分于其他区域的颜色特征。当火焰样本和待识别图片的窗口区域的归一化的颜色特征距离 D 小于一个阈值时，或者这个 D 的倒数大于一个阈值时，被检测的图片中就存在疑似的着火区域，系统输出最优初定位坐标，而通过可疑着火点区域特征的进一步精确校验而得到可靠的区域类型判断。适应度函数的具体内容就是最佳匹配搜索窗口中的特征距离计算，其程序段如下：

```
function TGA_FireRegionSearchForm.DistancleOfColormoments(NUM:INTEGER):Double;
    //适应度函数得到最佳匹配搜索窗口中的特征距离计算的程序段
  begin
    DIS[num]:= 0.5*abs(abs(rofkey[0])-abs(Rave[0]))
    +0.5*abs(abs(rofkey[1])-abs(Rave[1])) + 0.5*abs(abs(rofkey[2])-abs(Rave[2]))
      +3*(abs(abs(Gofkey[0])-abs(Gave[0])))+ 5*abs(abs(Gofkey[1])-abs(Gave[1]))
      +5*abs(abs(Gofkey[2])-abs(Gave[2]))+ 3*abs(abs(Bofkey[0])-abs(Bave[0]))
      +5*abs(abs(Bofkey[1])-abs(Bave[1])) +5*abs(abs(Bofkey[2])-abs(Bave[2]));
    Fit[Num]:=1/(Dis[num]+0.0000001);
  end;
```

5. 着火点区域的精确校验的判断函数的选择

互信息的描述来源于信息论，用来度量两个随机变量的相关性。如用 H 表示熵，用 I 表示图像，用 a 表示图像颜色值，假设 I 的概率分布密度函数 $p_i = p(a = i)$，$i = 1, 2, ..., m$，那么 I 的 Shannon 熵 $H(I)$ 为：

$$H(I) = \sum_{i \in I} p_i(i) \times \log \frac{1}{p_i(i)}$$

（3-53）

其中，当 $p_i(i) = 0$ 时，补充定义 $p_i(i) \times \log \frac{1}{p_i(i)} = 0$，因此：$\lim_{p \to 0^+} p \log \frac{1}{p} = 0$。

对于两区域图像 I_1 和 I_2，其颜色值在彩色空间用 256 种矢量表示，它们之间的联合熵定义为：

$$H(I_1, I_2) = \sum_{i=0}^{255} \sum_{j=0}^{255} P_{ij}(i,j) \log \frac{1}{P_{ij}(i,j)}$$ （3-54）

其中，$P_{ij}(i,j)$ 为 I_1、I_2 的颜色联合概率密度分布。它们之间的 Shannon 互信息 I（I_1，I_2）定义为：

$$I(I_1, I_2) = \sum_{i=0}^{255} \sum_{j=0}^{255} P_{ij}(i,j) \log \frac{P_{ij}(i,j)}{p_i(i) p_j(j)}$$ （3-55）

$$= H(I_1) + H(I_2) - H(I_1, I_2)$$

式中，$p_i(i)$、$p_j(j)$ 是 I1 和 I2 的颜色概率分布；$P_{ij}(i,j)$ 是联合颜色概率分布；$H(I_1, I_2)$ 是 I_1 和 I_2 的 Shannon 联合熵。在图像配准中，Shannon 互信息是表示两幅图像相互包含对方的信息量。当 $I(I_1, I_2) = 0$ 时，意味着 I_1、I_2 相互独立，$I(I_1, I_2)$ 值越大，表明两图像在颜色分布上的相似度越高。计算两幅区域图像信息熵的程序段如下：

```
procedure TGA_FireRegionSearchForm.GetunionEntropyofTwoImage (bmp: Tbitmap; x,y:integer);
    var//计算两幅图的信息熵的程序段
        i,j,Colormomentvalue1,Colormomentvalue2:Integer;
        sum,H12,normalh12,colormomentH2:Double;
        UnionNum:array of array of Integer;//记录两幅图像的颜色矩联合次数
        //记录两幅图像的颜色矩联合概率
        Colormomentprobability:array of array of Double;
        Colormomentprobability1:array of double;//记录比较图片的颜色矩概率
        ColormomentNum:array of integer;
    begin
    setlength(UnionNum,256,256); setlength(Colormomentprobability,256,256);
    setlength(Colormomentprobability1,256);   setlength(ColormomentNum,256);
    Colormomentvalue1:=0;   Colormomentvalue2:=0;
    for i:=0 to 255 do    for j:=0 to 255 do
    begin
        Colormomentprobability[i,j]:=0;    unionNum[i,j]:=0;
      end;
    for i:=0 to 255 do
    ColormomentNum[i]:=0;
    GetColormomentofImage2(bmp);//得到比较图的信息熵 FirstColorH2
    for j:=0 to 8-1 do    begin
        for i:=0 to 8-1 do           begin
```

Colormomentvalue1:=CC1[i][j];Colormomentvalue2:=CC2[i][j];

UnionNum[Colormomentvalue1,Colormomentvalue2]:=UnionNum[Colormomentvalue1,Colormomentvalue2]+1;

　　end;

end;　　//计算两幅图像的互信息

for i:=0 to 255 do　　for j:=0 to 255 do

begin Colormomentprobability[i,j]:=unionNum[i,j]/(8*8+0.0001);　　　　end;

sum:=0;h12:=0;EntropyofTwo:=0;

for i:=0 to 255 do　　begin

for j:=0 to 255 do

begin

　　if Colormomentprobability[i,j]>0 then

sum:=sum+Colormomentprobability[i,j]*log10(Colormomentprobability[i,j]);

　　end;

　　end;

H12:=ColorH1+FirstColorH2+sum;　EntropyofTwo:=abs(H12);

Setlength(UnionNum,0,0); Setlength(Colormomentprobability,0,0);

Setlength(Colormomentprobability1,0); Setlength(ColormomentNum,0);

end;

考虑火焰图像的颜色空间分布及其颜色跳跃性,将匹配特征选定为 HSV 颜色空间量化聚类后矢量的邻域颜色距,关注点窗口内前三个低阶矩反映的图像的局部颜色空间分布信息。设坐标 (i, j) 像素点的量化聚类后颜色矢量为 p_{ij},则其关注中心点的 $M \times N$ 邻域下像素的一、二、三阶中心矩分别为:

$$
\begin{cases}
\mu_{ij}^M = \dfrac{1}{M \times N} \sum_{m=i-\frac{N-1}{2}}^{i+\frac{N-1}{2}} \sum_{n=j-\frac{M-1}{2}}^{j+\frac{M-1}{2}} p_{mn} \\[3mm]
\sigma_{ij}^M = [\dfrac{1}{M \times N} \sum_{m=i-\frac{N-1}{2}}^{i+\frac{N-1}{2}} \sum_{n=j-\frac{M-1}{2}}^{j+\frac{M-1}{2}} (p_{mn} - u_{ij}^M)^2]^{\frac{1}{2}} \\[3mm]
s_{ij}^M = [\dfrac{1}{M \times N} \sum_{m=i-\frac{N-1}{2}}^{i+\frac{N-1}{2}} \sum_{n=j-\frac{M-1}{2}}^{j+\frac{M-1}{2}} (p_{mn} - u_{ij}^M)^3]^{\frac{1}{3}}
\end{cases}
\tag{3-56}
$$

考虑到摄取图片的大小和着火区域的大小是变化的,可将图片按塔式方式进行缩放或移动,窗口可取为 3×3、7×7、13×13 等尺寸大小,所有像素点 (i, j) 在各邻域窗口下的 p_{ij} 的前三阶邻域矩的取值范围都在 [0,255]。提取森林图片搜索区域在 HSV 颜色空间的三个颜色矩特征程序段如下:

```
    procedure
TGA_FireRegionSearchForm.SearchedRegionColormoments(x,y:integer);
    //提取森林图片搜索区域 HSV 的三个颜色矩特征的程序段
    var
        i,j:integer;
        p:pbytearray;
        Rsum1,Gsum1,Bsum1:integer;
        num1,R,G,B,h,s,v,min1,min2,k:Integer;
    begin
        Rave[0]:=0.0;Gave[0]:=0.0;Bave[0]:=0.0;
        Rave[1]:=0.0;Gave[1]:=0.0;Bave[1]:=0.0;
        Rave[2]:=0.0;Gave[2]:=0.0;Bave[2]:=0.0;        Rsum1:=0;gsum1:=0;bsum1:=0;
num1:=8*8;
        for j:=0 to 8-1 do    //一阶矩计算
        begin
        p:=GA_FireRegionSearchForm.TESTIMAGE.picture.bitmap.ScanLine[y+j];
        for i:=0 to 8-1 do
        begin
          h:=255-p[3*(i+x)+2]; s:=255-p[3*(i+x)+1];v:=255-p[3*(i+x)];
          Min1 := Min(h,s);   MIN2:=MIN(h,v);   k:=min(min1,min2);
          h:=255-k;s:=s-k;v:=v-k;
          rsum1:=rsum1+h; gsum1:=gsum1+S;    bsum1:=bsum1+v;
          end;
        end;
          Rave[0]:=(rsum1/num1); Gave[0]:=(gsum1/num1); Bave[0]:=(bsum1/num1);
        for j:=0 to 8-1 do//二阶矩、三阶矩计算
        begin
        p:=GA_FireRegionSearchForm.TESTIMAGE.picture.bitmap.ScanLine[y+j];
        for i:=0 to 8-1 do
        begin
            h:=255-p[3*(i+x)+2]; s:=255-p[3*(i+x)+1];v:=255-p[3*(i+x)];
            Min1 := Min(h,s); MIN2:=MIN(h,v); k:=min(min1,min2);
            h:=255-k;s:=s-k;v:=v-k;
                Rave[1]:=Rave[1]+(h-Rave[0])*(h-Rave[0]);//红
                Gave[1]:=Gave[1]+(s-Gave[0])*(s-Gave[0]);//绿
                Bave[1]:=Bave[1]+(v-Bave[0])*(v-Bave[0]);//蓝
```

Rave[2]:=Rave[2]+ABS(((h-Rave[0])*(h-Rave[0])*(h-Rave[0])));//红

Gave[2]:=Gave[2]+ABS(((s-Gave[0])*(s-Gave[0])*(s-Gave[0])));//绿

Bave[2]:=Bave[2]+ABS(((v-Bave[0])*(v-Bave[0])*(v-Bave[0])));//蓝

end;

    end;

Rave[1]:=sqrt(Rave[1]/num1);Gave[1]:=sqrt(Gave[1]/num1);

Bave[1]:=sqrt(Bave[1]/num1); //红、绿、蓝

Rave[2]:=power(Rave[2]/num1,1/3);Gave[2]:=power(Gave[2]/num1,1/3);

Bave[2]:=power(Bave[2]/num1,1/3); //红、绿、蓝

end;

假设 M 为图片库中的火灾图片，其大小为 $H×W$；$B(x,y)$ 表示待识别图像即基准图像上以初定位坐标 (x,y) 为左上角的在其范围内的大小为 $H×W$ 的一幅截取图，校验用的颜色值取 HSV 彩色空间的 256 种矢量表示方式，这样我们可以定义判断函数就是火焰样板图像与疑似火灾窗口图像的互信息，如下：

$$S(x,y) = I\big(M,B(x,y)\big) = \sum_{i=0}^{255}\sum_{j=0}^{255} p_{MB}(i,j)\log\frac{p_{MB}(i,j)}{p_M(i)p_B(j)} \qquad (3\text{-}57)$$

式中，$S(x,y)$ 为判断函数，$I(M,B(x,y))$ 为 M，$B(x,y)$ 的邻域颜色矩互信息；$p_M(i)$，$p_B(j)$ 分别为 M，$B(x,y)$ 的邻域颜色矩概率分布；$p_{MB}(i,j)$ 为其联合邻域颜色矩概率分布。

根据分析可以知道，基于互信息的值随两幅图像之间相关程度增加而递增，当取值为 0 时，表示两幅图像完全独立，值越大其相关性越大，可见判断函数与两幅图像间的相关性呈正比，那么我们找到 $S(x,y)$ 的值大于一阈值，实验中给定经大量实验得出阈值为 1.0，当所求 $S(x,y)$ 大于该阈值时就校验该初定位坐标区域确实为火焰区域而发出报警信号。由于基于图像彩色矢量互信息的判断是精确校验的过程，这个计算过程虽然比较 M、Y、K 的三个低阶矩计算要复杂一些，但每帧可疑着火图像只要在初定位的小窗口中校验一次而不会影响计算效率。

为验证算法的有效性，本研究从实验图片库中提取出如图 3.28 所示区域作为火焰样板图片，从图 3.29 到图 3.31 均为云台监控所采集的图片，火灾区域将被系统标出，遗传算法中的种群容量取为 100，选用二进制格雷码进行编码，分别对图像均等分成 $10×10$ 得到初始种群个体，遗传迭代次数为 50，编码长为 16 位，变异率采用 0.007 5 以免在求取最优值时误入局部极值。用遗传算法得到的候选的火焰可疑区域的进一步核对是通过火焰样本和这个区域的互信息分析而确定，它们间的互信息达到一定值就确认是着火区域。用遗传算法进行着火区域搜索和校验并标注火焰区域矩形框的主程序如下：

// 主过程

procedure TGA_FireRegionSearchForm.StartSearchFireButtonClick(Sender: TObject);

```
var //遗传算法着火点搜索和校验主程序
    NewItem: TListItem;
    ChromGenerationNum,grayv,i,J: Integer;
    IniTime,ElapsedTime: DWord;
begin
    FitFun:=InitFit;
        ZoneLowerLimitX:=StrToFloat(XMinEdit.Text);//所求搜寻火焰点 X 的下限
        ZoneUpperLimitX:=StrToFloat(XMaxEdit.Text);//所求搜寻火焰点 X 的上限
    ZoneLowerLimitY:=StrToFloat(YMinEdit.Text);//所求搜寻火焰点 X 的下限
        ZoneUpperLimitY:=StrToFloat(YMaxEdit.Text);//所求搜寻火焰点 X 的上限
    PopulationSize:=StrToInt(ComboBox1.Text);//设定的群体大小
        //设定的最大的遗传代数
    MaxGeneration:=StrToInt(ChromGenerationNumComboBox.Text);
        ChromSize:=StrToInt(ChromSizeComboBox.Text);//染色体大小
    Probability_CrossOver:=StrToFloat(ComboBox4.Text);//交叉概率
        Probability_Mutation:=StrToFloat(MutationComboBox.Text);//变异概率
    CrossNumEdit.Text :='0'; CrossOverEdit.Text :='0';
        FireCenterXEdit.Text :='0'; FireCenterYEdit.Text :='0';
    TestImage.picture.bitmap.PixelFormat := Pf24bit; //颜色互信息
    setlength(CC1,keyimage.Picture.Bitmap.Width,keyimage.Picture.Bitmap.Height);
    setlength(CC2,keyimage.Picture.Bitmap.Width,keyimage.Picture.Bitmap.Height);
        if ParameterCheck() then
            begin
                ChromGenerationNum := 1;SumMutation := 0;SumCrossOver :=0;
            if EvalueRadioGroup.ItemIndex=0 then
            ColormomentsOfKeybmp;// 求关键图的信息熵得到 H1
                if EvalueRadioGroup.ItemIndex=1 then
            GetcolorEntropyofkeyImage(keyimage.picture.bitmap);
                Encode(); //把解空间编码到 GA 搜索空间
            CalculateFit(); //计算各个适应度
                EvaluateFit(); //评价适应度
            IniTime:=GetTickCount;
                repeat
            Decode(true);// 只对 X,Y 坐标进行编码
                    Selection(); //按赌轮盘算法筛选优良染色体
                    CrossOver(); //按交叉概率执行交叉算子
```

```
        Mutation(); //按变异概率执行变异算子
    CalculateFit(); //计算各个适应度
    EvaluateFit(); //评价适应度
    ChromGenerationNum := ChromGenerationNum+1;
    //已经达到最大的遗传代数就取结果
    until ChromGenerationNum > MaxGeneration;
    //把从基因组搜索空间解码到森林平面图像的火焰中心 X,Y 坐标
    Decode(false);
        CrossNumEdit.Text :=IntToStr(SumMutation);
    ElapsedTime:=GetTickCount-IniTime; //显示搜索时间
    ElapseTimeLabel.Caption:=IntToStr(ElapsedTime)+'毫秒';
        CrossOverEdit.Text :=IntToStr(SumCrossOver);
    FireCenterXEdit.Text :=format('%.6f',[FireCenterX+4]);
    FireCenterYEdit.Text :=format('%.6f',[FireCenterY+4]);//画出火焰区域矩形框
TestImage.picture.bitmap.Canvas.moveto(trunc(FireCenterX-1),trunc(FireCenterY-1));
TestImage.picture.bitmap.Canvas.lineto(trunc(FireCenterX+9),trunc(FireCenterY-1));
TestImage.picture.bitmap.Canvas.lineto(trunc(FireCenterX+9),trunc(FireCenterY+9));
TestImage.picture.bitmap.Canvas.lineto(trunc(FireCenterX-1),trunc(FireCenterY+9));
TestImage.picture.bitmap.Canvas.lineto(trunc(FireCenterX-1),trunc(FireCenterY-1));
        Testimage.Repaint;
        End
    else ; //校验火焰区域,计算模板图与初定位 x,y 大小为模板图大小的互信息
    GetKeyColormomentofImage(keyimage.picture.bitmap); //计算模板图的信息熵
GetunionEntropyofTwoImage(testImage.Picture.Bitmap, Round(FireCenterX),Round(FireCenterY));
    if EntropyofTwo>0.3 then //用两图互信息的阈值精确判断是否存在火焰
    FireResultEdit.text:='有火'    else        FireResultEdit.text:='无火' ;
end;
```

图 3.28 火焰样本   图 3.29 火灾探测例图 1

2010-03-21 星期日 16:05:43

2010-03-21 星期日 17:38:24

图 3.30 火灾探测例图 2　　　　　图 3.31 火灾探测例图 3

使用不同基因参数会得到不同的火灾区域定位效果，图 3.32 为使用不同基因参数的火灾区域定位效果分析图，这是取普通二进码和二进格雷码及是否选择分区初始化而得到的火灾区域定位的判断函数收敛的比较图。

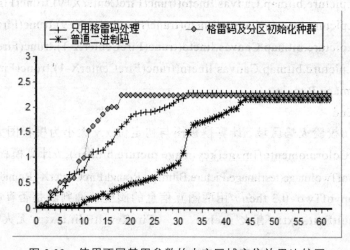

图 3.32 使用不同基因参数的火灾区域定位效果比较图

由图 3.29 至图 3.31 可知，针对任意一幅监控视频输入的图像，系统均能给出准确的判断，图中一旦出现火灾区域，系统将根据关联的地理定位系统立即返回火灾区域实际坐标位置使得林火消防人员可第一时间赶到火灾现场，否则输出安全信号。由图 3.32 明显可以看出，当遗传算法用普通二进制码处理时，其收敛值在第 42 代左右，而用格雷码进行处理时在第 32 代即已达到收敛，说明二进制格雷码的确较普通二进制码有优势，将格雷码与分区初始化种群相结合的效果更佳，坐标和区域矩形配准的遗传演变过程在进化到第 18 代就基本达到平稳收敛，这也进一步证明遗传算法在实时火灾监控中的有效性。

在采用改进的遗传算法对森林火灾图像中的火灾区域进行定位时，利用互信息作为遗传算法的适应度函数，将邻域颜色矩直方图作为互信息的矢量特征，不仅考虑了图像的颜色特征，还考虑了各像素点的空间分布情况，以提高算法的定位精确度。本系统不需在对图像进行分割的基础上而直接判断监测视野区域是否发生火灾，监控的区域图像在时序上是动态变化的，不必考虑用差帧技术就能实现实时的火灾监控。

第 4 章　火焰与烟雾区域的稀疏描述和分类方法

4.1　基于稀疏表达的基本概念及分类方法

基于稀疏表达的火焰与烟雾分类器的基本思想是将一个包含火焰样本、烟雾样本和背景样本的原始数据集合分别看作超完备字典，对考察区域的矢量特征通过这个超完备字典进行稀疏表达，如果同一类的火焰区域或烟雾区域有足够数量的训练样本与非零分解系数相对应，则疑似火焰区域或烟雾区域便可以用来自同一个类别的那些火焰区域或烟雾区域的线性组合来表示。由于测试样本的线性表示所用到的样本只是超完备集的一个子集，故这样的线性表达是稀疏的。

现代信号处理的关键理论基础之一就是 Shannon 采样理论：一个信号可以不失真地重构所要求的离散样本的数量取决于它的带宽。但是 Shannon 采样理论只是信号重构的一个充分而非必要条件。压缩感知在过去几年里作为一个全新的采样理论，它能够在远远小于 Nyquist 采样率规定的条件获取信号的离散样本，并且保证信号可以不失真地被重构。

压缩感知理论有两点核心思想。第一点是信号的稀疏结构。传统 Shannon 采样理论的信号表示方法仅仅开发和利用了少量的被采样信号的先验数据信息，但是在现实生活中许多信号本身通常就具有一些结构特性信息。这些信息是由比带宽信息的自由度更小的一部分自由度所决定的，能够在较少信息损失情况下通过少量的数字编码表示，这就是稀疏信号或近似稀疏信号，也可以称为可压缩信号。第二点就是样本信号之间的不相关性。稀疏信号的有效信息能够通过一个非自适应的信号采样方法将样本信号压缩成较小的数据来获取。压缩感知已经从理论证明采样方法只是一种将信号简单地与一组已定的波形进行相关的处理操作。而这些波形要求必须与样本信号所在的稀疏空间具有不相关性。

压缩感知理论舍弃当前信号采样中所得的冗余信息，然后直接把时间连续的信号变换成压缩感知的样本信号，样本信号的压缩处理在数字信号中使用了优化方法。信号重构恢复所需的优化求解算法很多时候就是一个对已知稀疏信号的欠定线性逆问题。

火焰区域与烟雾区域分类识别的基本问题是从来自 M 个不同类型的已标记的火焰样本或烟雾样本中正确识别出输入的疑似火焰区域或烟雾区域是火焰区域还是非火焰区域、是烟雾区域还是非烟雾区域。第 i 类中有 N_i 个区域图像训练样本，构成

矩阵 $D_i = [d_{i1}, d_{i2}, \cdots, d_{iN_i}]$ 的所有列，然后对每一列都进行单位 L_2 范数的规范化处理。

计算机视觉领域里有一个非常经典的观察结果，就是不同光照条件下的同一幅图像实际上只是这幅图像位于一个特殊的低维子空间里的视觉表象，这个特殊的低维子空间一般被称为"图像的子空间"。假设第 i 类中有足够数量的图像训练样本 D_i，一幅来自不同光照情况的第 i 类图像样本 $x \in \Re^m$，可以用给定的图像训练样本的线性组合 $x \approx D_i \alpha_i$ 来近似表示，$\alpha_i \in \Re^{N_i}$ 为系数向量。将 M 个样本图像类别的共 N 个图像训练样本串联在一起，得到一个新样本矩阵 D，用来表示整个图像训练样本集合：

$$D = [D_1, D_2, \cdots, D_M] \tag{4-1}$$

而 x 关于整个图像训练样本集合的线性表示为：

$$x = DA_i = D[0, 0, \cdots, \alpha_i, 0, 0, \cdots, 0]^T \tag{4-2}$$

其中，A_i 是一个火焰区域或烟雾区域的系数矩阵，该矩阵除了第 i 类相关的那些系数之外其他元素都为 0。系数矩阵 A_i 包含了极其重要并且有利于火焰区域和烟雾区域分类识别的信息。在理想情况下火焰区域能够只由本类的火焰训练样本进行表示，而非同类样本的系数全为 0，同样的，烟雾区域也可以准确地被识别出来，其非零系数均来自非烟雾区域样本。

在很多实际火焰区域与烟雾区域分类识别的场景，疑似火焰区域和烟雾区域可能是存在部分破损或被遮挡的。让 ρ 表示遮挡和破损区域中像素的比例，那么属于火焰区域或烟雾区域的图像测试样本 x_0 的像素所占比例为 $1-\rho$。基于这样实际且不可避免的情况，公式（4-2）可修正为：

$$x' = x + e_0 = DA_i + e_0 \tag{4-3}$$

其中，e_0 为误差向量，非零元素在这个误差向量中所占的比例为 ρ。因此，火焰区域与烟雾区域分类识别可以等同于求解稀疏矩阵 A_i，但其存在一定的稀疏误差 e_0。由于公式（4-3）中的未知数个数通常都会超过甚至是远远超过方程组的个数，所以 A_i 不能直接被求解出来。但是在这种欠定线性条件下，所期望得到的解 (A_i, e_0) 不仅是稀疏的，而且是式（4-4）的最佳稀疏解：

$$(A_i + e_0) = \arg \min \| A_i \|_0 + \| e \|_0 \tag{4-4}$$

其中，L_0 范数 $\| \cdot \|_0$ 是指一个火焰区域或烟雾区域特征向量中的非零元素的个数。受到 L_1 跟 L_0 最小化等价的启发，通过求解公式（4-5）的凸问题可以找到 (A_i, e_0)：

$$\min \| A_i \|_1 + \| e \|_1 \ s.t. \ x = DA + e \tag{4-5}$$

其中，$\| A_i \|_1 = \sum |\alpha_i|$。$L_1$ 范数最小化可以有效地从带有噪声的带偏差表征区域中识别出火焰区域或烟雾区域。只要 L_1 范数最小化问题得到解决，火焰区域与烟雾区域分类识别就可以通过求解稀疏表达的系数来实现。

对于一幅带噪声的野外森林图像这样的二维稠密信号，压缩感知理论之所以能突破乃奎斯特采样定律，只使用较少的采样信号来精确地还原出原始图像信号，其中一个重要的先验知识就是该信号的稀疏性，这包含其本身稀疏性和在变换域稀疏性。要想依靠压缩感知理论实现图像重构进而实现分类，需要完成对二维的稠密信号进行稀疏化表示。同时，在对一个测试样本稀疏化时，对应于稀疏参数较大和较多的过完备字典的列相对应的样本类别就是这个测试样本的类别。我们以野外森林16个火焰区域图像和16个背景区域图像为初始字典，图 4.1 是包含火焰和背景两类区域的初始训练样本图像，区域块大小为 32×32，火焰特征数为 8 个，这样复合字典大小的选择 8（特征数）×32（样本数），通过 MOD (Method of Optimal Direction)构建出过完备字典，通过追踪匹配 MP 方法对待测试区域在字典上进行稀疏分解。如图 4.2 所示，待测试区域为火焰区域，显示出测试样本在字典上的稀疏分解系数表示反映出对应关系，稀疏系数比较大的都分布在字典列的序号为 1-16 的对应于火焰样本的区域，测试样本与样本库中第 11 号样本最相似，故最佳匹配的样本原子 x11对应的列特征响应最大，同时测试样本与样本库中的第 7 号样本也有部分特征相似的地方，而与背景样本基本上没有特征响应大的系数。

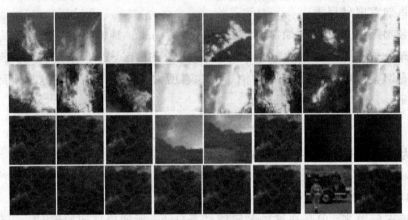

图 4.1　火焰和背景区域样本

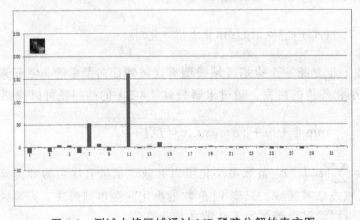

图 4.2　测试火焰区域通过 MP 稀疏分解的直方图

4.2 字典构成方法

4.2.1 MOD 字典构成方法

字典学习的方法已经有很多种，其中包括最大似然 ML、MOD、最大后验概率 MAP、K-SVD 和 Online。如前面所述的 OMP 算法，前提条件是字典 D 已知，然后求一个信号或区域图像的特征在这个字典上的稀疏表示。这些如基于离散余弦变换 DCT、曲波 Contourlet 和小波 Wavelet 的过完备字典没有自适应的能力，不能随着信号的变化而作出相应的变化和调整，这类基于不同方位和尺度元素的固定字典比较适应边缘和纹理图像的重构和分类。

采用 DCT 固定字典的稀疏表达用于去噪和超分辨率图像重构，它比基于时域的去噪方法要好，但是比小波去噪方法相比稍差。研究自适应的字典学习算法，采用样本图像进行学习来提高运算速度的学习方法属于半自适应的学习，对于自然图像的处理需要学习自然图像，如对月球图像的处理需要学习月球图像，对自然图像（如森林图像）的去噪及超分辨率处理都可以使用已经训练好的相应字典。通过训练学习的方法获取的过完备字典 D 需要根据输入信号的不同作出自适应变化。考虑到未知量有两个，包括过完备字典 D 和稀疏系数 x，如已知量是输入信号 y，这样先验知识是输入信号在字典 D 上的稀疏表示。

将获取字典 D 和稀疏系数 x 同时进行的方法是将该模型进行分解：第一步将 D 固定，求出 x 的值，这就是所谓的稀疏分解，这时将字典 D 固定的情况下，求信号 y 在 D 上的稀疏表示。第二步则是使用上一步得到的 x 来更新字典 D。这样如此反复迭代几次即可得到优化的 D 和 x。

字典学习的方法之一是优化方向方法 MOD，它分为两个稀疏编码和字典更新两个步骤。首先是稀疏编码采用的方法是 MP 或者 OMP 贪婪算法。字典更新采用的是最小二乘法，即，$D=\text{argmin norm}(y-D \times x, 2)\wedge 2$，具体解的形式是 $D=Y \times x' \times \text{inv}(x \times x')$。因此 MOD 算法的流程如下：

最初的字典 $D_{m \times n}$ 可以初始化为随机分布的 $m \times n$ 的矩阵，也可以从输入信号样本中随机地选取 n 个列向量，如从 300 个火焰样本中随机选取 $n=200$ 个火焰样本的特征值，字典的各列必须经过规范化处理。

4.2.2 MP 稀疏编码

匹配追踪 MP(Matching Pursuit)是 1993 年由 Mallat 及 Zhang 提出的能够大幅度地降低寻找近似解所需要耗费时间的贪婪算法。当已经有完备字典 D 后，系数 x 是信号 y 在这个过完备字典上的稀疏表示，即 $y=D \times x$，其中过完备字典 D 的维数为 $m \times n$。由于特征数 m 远小于样本数 n，用 m 个方程求解 n 个未知数，因此 $y=A \times x$ 是个欠定方程，将有无穷多个解。如同解优化问题一样，如果加上适当的限定条件，或者叫正则项，加上的正则项是 $\text{norm}(x, 0)$，即使重构出的信号 x 尽可能的稀疏，

Donoho 和 Elad 也证明了如果 D 满足某些条件，则 argmin norm$(x, 0)$ s.t.y$=D \times x$ 这个优化问题即有唯一解，考虑到解题的方便性，研究者尝试着使用 L_1 和 L_2 范数来替代 L_0 范数。由于 L_0 范数可以使用 L_1 范数来替代，这样优化问题就转变成一个凸优化问题：argmin norm$(x,1)$ s.t.$y = A \times x$。因此，求解就可以变为线性优化的问题来解决。

如果过完备字典 D 已知，求出信号 y 在字典 D 上的稀疏表示 x，即在稀疏表示里面被称作为稀疏编码的过程，这个问题的模型表示为：

$$x = \text{argmin norm}(y - D \times x, 2)^2 \quad \text{s.t.norm}(x, 1) <= k \quad\quad （4-6）$$

在只有一个非零元的情况下，D 的第 m 列与 y 最匹配，要确定列数 m 的值，只要从 D 的所有列与 y 的内积中找到最大值所对应的 D 的列数即可，然后通过最小二乘法即可确定此时的稀疏系数。考虑非零元大于 1 的情况，其他稀疏系数采用类似方法获得，只要将余量 $r = y - y_0$ 与 D 的所有列做内积，找到最大值所对应 D 的列即可。

下面是使用 MP 进行火焰区域特征信号分解的步骤：

（1）计算火焰区域特征信号 x 与火焰区域超完备字典矩阵中每列火焰区域样本的内积，相对应于绝对值最大的那一个火焰区域样本就是与火焰区域特征信号 x 在本次迭代求解中最为匹配的区域。如令信号 $x \in H$，从火焰区域超完备字典矩阵中选择一个最佳匹配的样本原子 x_i，满足：

$$\left| < x, x_{r_0} > \right| = \sup_{i \in (1, \dots, N)} \left| < x, x_i > \right| \quad\quad （4-7）$$

其中，r_0 表示字典矩阵中最佳匹配的样本原子的列索引。火焰区域信号 x 就被公式（4-8）分解为最佳匹配的样本原子 x_{r_0} 的垂直投影分量和残值分量两部分，即：

$$x = < x, x_{r_0} > x_{r_0} + R_1 f$$

（2）对残值 $R_1 f$ 执行如（1）同样的分解操作，那么第 k 步可以得到：

$$R_k f = < R_k f, x_{r_{k+1}} > x_{r_{k+1}} + R_{k+1} f \quad\quad （4-8）$$

其中，$x_{r_{k+1}}$ 满足 $\left| < R_k f, x_{r_{k+1}} > \right| = \sup_{i \in (1, \dots, N)} \left| < R_k f, x_i > \right|$。事实上经过 k 步分解后，火焰区域信号 x 被分解为 $x = \sum_{i=0}^{k} \left| < R_i f, x_{r_i} > \right| R_i f + R_{k+1} f$，其中 $R_0 f = x$。

综合上面的 MP 求解步骤可知，如果火焰区域信号在最佳匹配的样本原子上的垂直投影不是正交的，就会导致每次迭代分解火焰区域特征时的结果并不是最优的，在达到最终收敛前需要更多次的迭代。MP 类匹配追踪稀疏编码方法的程序段如下：

```
function TMP.Match(const CMat: TMatrix): TMatrix;
    var //MP 类匹配追踪稀疏编码方法
    T: Integer;//迭代次数
    MaxInnerProdIndex: Integer;//字典中最佳匹配的样本原子的列索引
    MaxInnerProd: TReal;//最大内积变量
```

```
    ColVector: TMatrix; //列矩阵矢量
begin
    Matching(CMat);//将字典、稀疏系数和残值等初始化和规一化
    for T := 0 to FActualCount - 1 do //对稀疏系数分解过程的迭代循环
    begin//获得信号与字典中各列内积最大值对应的列样本原子
        MaxInnerProd := FindMaxInnerProduct(FErr, MaxInnerProdIndex);
        FCoeff.ItemArray[MaxInnerProdIndex] := MaxInnerProd;
        ColVector:=FDict.GetColVector(MaxInnerProdIndex).MultiplyScalar
                    (MaxInnerProd) .Transpose;
        FErr.Subtract(ColVector);//获得新的残值
        ColVector.Free;//释放内存
        //残值在满足收敛误差要求的前提下
        if TVector.Norm2(FErr) <= FTolerance then
        begin //将稀疏迭代的总次数 K 减少，初始的稀疏个数为样本原子个数
            FActualCount := T + 1;
            Break;
        end;
    end; //稀疏系数分解迭代循环结束
    Result := FCoeff;//获得每列的稀疏系数
end;
```

4.2.3 OMP 稀疏编码

正交匹配追踪 OMP（Orthogonal Matching Pursuit）是基于匹配追踪 MP 上的一种改进的追踪算法。OMP 算法特点是在每次迭代中将所有已选出的最佳匹配的样本原子进行正交化处理并构造火焰区域的解空间，再将疑似火焰区域信号在已选列张成火焰区域的解空间上重新投影，以最佳的表示方式进行稀疏表达，这可以有效地加快 OMP 算法收敛的速度。利用正交匹配追踪 OMP 产生的超完备字典矩阵重构出火焰区域的原信号，在迭代次数相同的情况下，OMP 的重构效果比 MP 重构的效果要好，这就意味着通过 OMP 求解稀疏表达分类器能够对火焰区域达到更准确的分类识别效果。OMP 求解火焰区域信号的稀疏表达的步骤如下：

（1）计算火焰区域信号 $f = x$ 跟每个图像样本信号 $\{x_i\}$ 的内积，并找出 $x_{r_{k+1}} \in D - D_k$ 以使得：

$$\left| < R_k f, x_{r_{k+1}} > \right| \geqslant \alpha \sup_{i \in (1,\dots,N)} \left| < R_k f, x_i > \right|, \alpha \in (0,1] \qquad (4-9)$$

（2）如果 $\left| < R_k f, x_{r_{k+1}} > \right| < \delta$，则停止迭代；

（3）重排火焰区域超完备字典，将第 $k+1$ 列和第 r_{k+1} 列的位置互换；

（4）求解 $\{b_i^k\}_{i=1}^k$ 使得：

$$\begin{cases} x_{k+1} = \sum_{i=0}^{k} b_i^k x_i + \gamma_k \\ <\gamma_k, x_i> = 0, i = 1, 2, \cdots k \end{cases} \tag{4-10}$$

（5）设 $a_{k+1}^{k+1} = a_k = \|\gamma_k\|^{-2} |< R_k f, x_{k+1} >|$ 和 $a_i^{k+1} = a_i^k - a_k b_i^k, i = 1, 2, \cdots, k$ ，按公式（4-11）、

公式（4-12）和公式（4-13）更新迭代求解模型，然后返回步骤（2）。

$$f_{k+1} = \sum_{i=1}^{k+1} a_i^{k+1} x_i \tag{4-11}$$

$$R_{k+1} f = f - f_{k+1} \tag{4-12}$$

$$D_{k+1} = D_k \bigcup \{x_{k+1}\} \tag{4-13}$$

OMP 在列的选择方式上与 MP 相同，都是通过最大化内积来获取，而 OMP 相比 MP 改进的不同之处是，在每一次迭代的过程中都通过解决最小二乘问题来重新设定每个选定最佳匹配的样本原子的权值，始终保证残差最小以更好地获取在已选最佳匹配的样本原子的最优投影。OMP 要求字典的各列必须规范化，根据输入信号确定原子的个数，也就是字典的列数。迭代次数决定稀疏表达的精确性，每次循环过程中得到的字典 D 可能会有列向量的二范数接近于 0，此时为了下一次迭代，应该忽略该列原子，重新选取一个服从随机分布的原子，它分为稀疏编码和字典更新两个步骤。稀疏编码采用正交匹配追踪 OMP 的优化方向方法，MOD 的字典更新的程序段如下：

```
function TOMP.Match(const CMat: TMatrix): TMatrix;
    var //OMP类正交匹配追踪方法
        T, CurIn: Integer;//迭代次数和最佳匹配的样本原子列号
        MaxInP: TReal; //最大内积变量
        ColVector: TMatrix; //列矩阵矢量
        CurMatIndex: TInt;//列矩阵序号
        MatAndPinv: array [0 .. 1] of TMatrix;
        Indices: array of TInt;//对应于迭代序次对应的字典的列的序号
        Weights: TMatrix; //权重矢量
    begin
        Matching(CMat); //将字典、稀疏系数和残值等初始化和规一化
        CurMatIndex := 0;//变量初始化
        MatAndPinv[0] := nil;   MatAndPinv[1] := nil;
        Weights := TMatrix.Create;// 权重矢量构建
        for T := 0 to FActualCount - 1 do
        begin
            SetLength(Indices, T + 1); //获得信号与字典内积最大值对应的列样本原子
```

```
    MaxInP := FindMaxInnerProduct(FErr, CurIn);
    FCoeff.ItemArray[CurIn] := MaxInP;//当前列对应的内积最大值
    Indices[T] := CurIn;//T 次迭代下对应的列号
    if MatAndPinv[CurMatIndex] = nil then
        MatAndPinv[CurMatIndex xor 1] := Dict.GetColVector(CurIn)
    else
    begin//重排样本超完备字典
        MatAndPinv[CurMatIndex xor 1].Free;
        ColVector := Dict.GetColVector(CurIn);
    MatAndPinv[CurMatIndex xor 1]:=TMatrix.CreateMatrixAsCols ([MatAndPinv [CurMatIndex],
ColVector]);
        MatAndPinv[CurMatIndex].Free; ColVector.Free;
    end;
    CurMatIndex := CurMatIndex xor 1;
    MatAndPinv[CurMatIndex xor 1]: =TMatrix.CreatePseudoInverseMatrix
                            (MatAndPinv[CurMatIndex]);
    //重新设定样本原子的权值
    Weights.Resize(MatAndPinv[CurMatIndex xor 1].RowCount, 1);
    TMatrix.Multiply(Weights, MatAndPinv[CurMatIndex xor 1], FSrcMat);
    FErr.Transpose; //更新迭代求解模型
    ColVector := TMatrix.Multiply(MatAndPinv[CurMatIndex], Weights);
    TMatrix.Subtract(FErr, FSrcMat, ColVector); //得到第 K 次迭代的残值
    ColVector.Free; FErr.Transpose;
    if TVector.Norm2(FErr) <= FTolerance then//残值在满足收敛误差要求的前提下
    begin //将稀疏的个数减少，初始的稀疏个数为样本原子个数
        FActualCount := T + 1;
        Break;
    end;
end;
for T := 0 to FActualCount - 1 do
begin//最终的稀疏系数是每次迭代过程中的权重
    FCoeff.ItemArray[Indices[T]] := Weights.ItemArray[T];
end;
Result := FCoeff; //获得每列的稀疏系数
MatAndPinv[0].Free; MatAndPinv[1].Free; Weights.Free;//释放内存
end;
```

4.2.4　K-SVD 字典构成方法

K-SVD 方法同 MOD 一样包括稀疏编码和字典更新两个步骤。稀疏编码就是固定过完备字典 D 的过程，K-SVD 与 K-Means 方法中的 K 类似，在迭代的 K 次过程中都要计算一次奇异值分解 SVD 过程，通过迭代算法获得信号在该字典上的稀疏系数。K-SVD 在字典更新的步骤过程中，每次更新字典的一列和其对应的稀疏系数，直到所有的原子更新完毕。

K-SVD 方法的每次迭代包括稀疏编码和字典更新两个阶段。在字典更新阶段，当我们要更新第 k 个原子 dk 时，需固定字典 D 中除 k 列 dk 外的所有其他列，由于 K-SVD 对字典的更新是按列顺序展开的，其更新过程可转化为用奇异值分解 SVD 来实现，这样就可得到新一列原子和所对应的稀疏系数，用新的字典 D 表示信号 Y 时的均方误差会逐步减少。K-SVD 更新字典的步骤如下：

（1）选择初始字典 $D^{(0)} \in R^{n \times K}$，设置 $J=1$。

（2）通过求解下式稀疏编码，为每个样本 y_i 计算稀疏表示向量 x_i: $i=1,2,\cdots,K$，$\min\limits_{x_i}\left\{\|y_i - Dx_i\|_2^2\right\}$ 使得 $\|x_i\|_0 \leq T_0$。

（3）通过下面 3 步更新字典 $D^{(J-1)}$ 的每一列，$k=1,2,\cdots,K$。

① 用字典元素定义一组样本：$w_k = \left\{i \,\middle|\, 1 \leq i \leq N, x_T^k(i) \neq 0\right\}$。

② 计算总体的表示误差矩阵 E_k，$E_k = Y - \sum\limits_{j \neq k} d_j x_T^j$。

③ 利用奇异值分解 SVD 分解 $E_k^R = U\Delta V^T$，U 的第一列作为更新字典的列，V 的第一列乘以 $\Delta(1,1)$ 将作为新的系数向量 x_R^k。

（4）$J=J+1$，返回步骤（2）。

这样反复经过这个过程 k 次，直到过完备字典 D 的所有原子更新完毕为止，设定的阀值 T_0 为稀疏表示系数中非零分量个数的上限。为了求解出 x_k 和 d_k，就需要对 E_k^R 进行 SVD 分解，显然采用 K-SVD 方式的字典构成的时间受迭代次数和收敛速度的影响。K-SVD 更新字典的代码如下：

```
class procedure TApUtils.Mat_KSVD(MP: TMP; const Y: TMatrix);
var    //KSVD 字典更新方法
    Dict, X, Dk, Xk, E, M, O: TMatrix;
    Mat3: TMat3;
    T, I, J, NZeroCount, YRowCount, YColCount, DColCount: Integer;
    R1, R2, R3: TRect;
begin
    Dict := MP.Dict; //获得初始词典
    YRowCount := Y.RowCount; //字典的行数
    YColCount := Y.ColCount;//样本的列数
    DColCount := Dict.ColCount;//字典的列数
```

```
X := TMatrix.Create(DColCount, YColCount); //稀疏系数矩阵
Dk := TMatrix.Create(YRowCount, 1); // 样本或字典的一列
R1 := Y.GetRect;//得到样本矩阵大小
R2 := X.GetRect;//得到稀疏系数矩阵大小
for J := 0 to YColCount - 1 do //求解每个样本的系数
  begin
    R1.Left := J;R1.Right := J + 1; //只处理一个列样本
    Y.CopyRectTo(Dk, R1); // 求解其中一个样本（列）
    R2.Left := J; R2.Right := J + 1;
    MP.Match(Dk).CopyTo(X, R2);//以 MP 进行稀疏分解
  end;
Xk :=TMatrix.Create(1, YColCount); //处理稀疏系数的行
M := TMatrix.Create(YRowCount, YColCount);//最小差范数矩阵
O := TMatrix.Create; // 非零系数的标签矩阵
E := TMatrix.Create; // 只保留非零系数的误差矩阵
Mat3.F1 := nil; Mat3.F2 := nil; Mat3.F3 := nil;//Mat3 含 W,U,V
R1:=Dict.GetRect;R2 := X.GetRect;//获得字典和稀疏系数矩阵大小
R3 := Rect(0, 0, 1, R1.Bottom);//从字典第一列开始处理
for T := 0 to DColCount - 1 do
begin
  for J := 0 to DColCount - 1 do
  begin
    if T <> J then
    begin //获得将处理字典和系数的合适的列
    R1.Left := T;R1.Right := T + 1; Dict.CopyRectTo(Dk, R1);
    R2.Top := T;R2.Bottom := T + 1; X.CopyRectTo(Xk, R2);
     TMatrix.Multiply(M, Dk, Xk); //字典列与稀疏系数乘积
     M.SubtractLeft(Y);//得到最小差矩阵
      end;
  end;
  NZeroCount:= 0; //非零系数的数量
  for I := 0 to YColCount - 1 do
    if not SameValue(Xk.ItemArray[I], 0) then
      Inc(NZeroCount);//非零系数的量增加
  if NZeroCount <> 0 then
  begin   //SVD 分解后的 V 将乘这个矩阵 O
    O.Resize(YColCount, NZeroCount);
```

```
    O.Zeroize;//该矩阵初始设置为零
    J := 0;
    for I := 0 to YColCount - 1 do //按样本每列处理
        if not SameValue(Xk.ItemArray[I], 0) then
        begin O[I, J] := 1; Inc(J); end;
    E.Resize(M.RowCount, O.ColCount);
    TMatrix.Multiply(E, M, O); //获得总体误差矩阵
    TApUtils.Mat_SVD(E, Mat3, True, False);//SVD 运算
    Mat3.F2.CopyRectTo(Dict, R1, R3);//更新字典的列
  end;
 end;
 TRef.FreeObjs([X, Dk, Xk, E, M, O]);
 TMatrix.FreeMats(Mat3); //释放内存
end;
```

4.3　采用各种字典和稀疏编码方法对图像去噪和重构

为了对各种字典构成和稀疏分解方法进行比较，采用原始样本、DCT 和 Gabor 等固定字典和经 K-SVD 等通过字典学习更新产生的完备字典，通过各种稀疏分解方法而得到去噪图像，实验中以 PSNR 为标准来判断图像的重构效果，这也是对字典构成和稀疏分解方法进行比较的一种方法。下面是 DCT 固定字典产生的程序段：

```
class function TMatrix.CreateDCTMatrix(const ARowCount, AColCount: Integer):
TMatrix;
  var//DCT 原始字典产生程序段
    I, J, bb, Pn: Integer;//DCT 矩阵的列和行
    Norm: TReal;//归一化变量
    Val: TMatrix;//计算的 DCT 各中间矩阵变量
    DCT: TMatrix;//DCT 字典矩阵
  begin
    bb := Ceil(Sqrt(ARowCount));//矩阵的列
    Pn := Ceil(Sqrt(AColCount));//矩阵的行
    DCT := TMatrix.Create(bb, Pn);//建立矩阵
    Val := TMatrix.Create(bb, 1);//建立一单列矩阵
    for J := 0 to Pn - 1 do
    begin //建立字典的每个原子
        for I := 0 to bb - 1 do//计算离散余弦函数
```

```
    Val.ItemArray[I] := Cos(I * J * Pi / Pn);
  if J > 0 then
    Val.NormalizeRowsByAvg;//获得每列的平均值
  Norm := TVector.Norm2(Val);//每列归一化处理
  for I := 0 to bb - 1 do
    DCT[I, J] := Val.ItemArray[I] / Norm;
  end;
  Result := TMatrix.Kron(DCT, DCT);//展开并得到最后的离散余弦字典
  TRef.FreeObjs([Val, DCT]);//释放已用资源
end;
```

下面是按 DCT 固定字典和 K-SVD 进行学习训练而产生过完备字典程序段，字典包括正样本和负样本 2 个分字典。

```
procedure TSRC2.DoLearn;
begin //DCT 原始字典和 KSVD 学习的过完备字典构建程序段
  if ByKSVD then//如选择 DCT+KSVD 学习方式
  begin //F1 为正样本特征矩阵，F2 为负样本特征矩阵
    with GetMat2(True) do
    begin //按样本数的 3 倍产生 DCT 原始字典
    FPMP.Dict := TMatrix.CreateDCTMatrix(F1.RowCount, F1.RowCount * 3);
        TApUtils.Mat_KSVD(FPMP, F1); //原始 DCT 字典依正样本按 KSVD 训练
        FNMP.Dict := TMatrix.CreateDCTMatrix(F2.RowCount, F2.RowCount * 3);
        TApUtils.Mat_KSVD(FNMP, F2); // 原始 DCT 字典依负样本按 KSVD 训练
        TRef.FreeObjs([F1, F2]);//释放已用资源
    end;
  end
  else
  begin    //如不选择 DCT+KSVD 学习方式，则直接用样本作为字典
    with GetMat2 do
    begin
      FPMP.Dict := F1; //正字典取正样本特征
      FNMP.Dict := F2; //负字典取负样本特征
    end;
  end;
end;
```

对月球撞击坑区域图像恢复和去噪实验采用的训练图像区域为 9×9，自身训练样本的个数为 100，这样初始训练字典的大小为 81×100，部分训练图像如图 4.3 所示，字典构成包括训练样本本身构成的字典、DCT 和 Gabor 固定字典、稀疏分解训

练获得的字典和 K-SVD 训练得到的字典等。

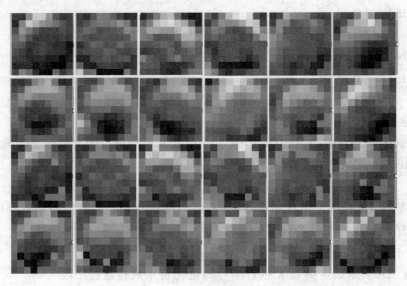

图 4.3　样本库中部分训练图例

如采用大小为 81×162 的 DCT 固定字典，图 4.4 是依据这个过完备固定字典对一个 9×9 的月球撞击坑图像块进行重构的效果比较，当稀疏值 k 越大时，越能精确地重构出原图，当然其运行时间也越长，当稀疏值 k 较少时，仍然能重构出与原始图像相类似的图像。以稀疏分类观点来看，图 4.4（h）对应的稀疏值 $k=4$，这时选用的 4 个原子所对应的类型是测试样本所属的区域类型。

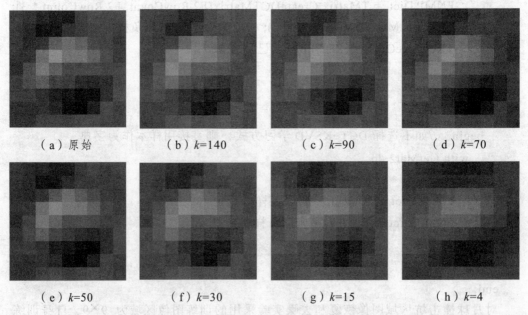

（a）原始　　　　（b）$k=140$　　　　（c）$k=90$　　　　（d）$k=70$

（e）$k=50$　　　　（f）$k=30$　　　　（g）$k=15$　　　　（h）$k=4$

图 4.4　固定 DCT 字典下采用在不同稀疏值 k 下重构的图像

图 4.5 是采用 DCT 固定字典对一个 9×9 的图像块在字典上的稀疏表示时，采用

不同的稀疏值 k 而获得的信噪比 $PSNR$ 曲线。当稀疏值 $k=95$ 时，表达相对误差的值 norm(y-y_0, 2)/norm(y, 2)已趋于平稳，且信噪比 $PSNR$ 的值处于一个较高水平且比较平稳。当稀疏值 k 取为字典大小的 2/3 左右时，已能精确还原出测试图像。当稀疏值 k 取为字典大小的 1/3 左右时，已经达到较好的图像重构效果。可见过完备 DCT 字典对于区域像素的空间分布具备良好的描述和重构还原能力。

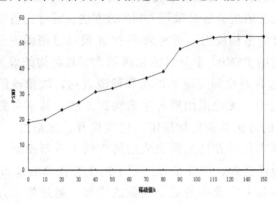

图 4.5 固定 DCT 字典下以不同稀疏值 k 重构图像的 $PSNR$

表 4.1 显示了不同字典构成方法下，对测试图像的重构和去噪效果比较，样本库中的图像为 100 个，完全以原始样本为过完备字典而重构图像时，由于样本图像数量不太完备，稀疏值的增减对 $PSNR$ 的影响不大，随着样本图像数量的增加，特别是样本库中有一个与测试图像一样的样本时，其 $PSNR$ 会发生非常大的提升，故以较少原始样本数构成的字典对一区域的全局统计能力较差。信噪比 $PSNR$ 的评价指标用原始图像与重构图像之间的均方根误差表示，其中 D_m 表示组成字典的原子个数，E_k 表示测试样本与稀疏表达投影下总体的误差，k 表示取不同稀疏值的个数，也就是对应于字典取稀疏系数不为零的个数。本研究利用如下峰值信噪比公式表示去噪效果：

$$PSDN = 20\ln\left(255 \times D_m / \sqrt{\sum_{k=1}^{K}(E^k)^2}\right)/\ln(10) \qquad (4\text{-}14)$$

表 4.1 不同字典构造方法下稀疏分解的去噪效果比较

PSNR	样本	样本 +OMP	样本 +KSVD (MP)	样本 +KSVD (OMP)	DCT	DCT+ KSVD (MP)	DCT+ KSVD (OMP)	PCA (0.9) +MP	PCA (0.7) +MP
$k=3$	18.4	20.8	20.6	21.2	22.5	21.7	21.7	18.2	18.2
$k=10$	18.7	24.2	20.2	24.5	27.9	25.1	25.0	20.2	20.0
$k=40$	18.8	25.1	18.7	27.1	38.9	23.6	35	20.3	20.0
$k=100$	18.9	25.4	27.2	27.1	51.0	22.3	256	20.3	20.0

以样本为初始字典通过 OMP 或 K-SVD 训练的字典比完全原始的样本字典表现

出更好的重构能力，当采用较少的稀疏值 k 重构图像时就基本反映被重构图像的整体灰度分布，这也反映出稀疏分解方法的本质，字典中只要几个稀疏原子的线性组合就可构成被测图像。DCT 的字典的原子个数为 162，比原始撞击坑图像的个数多，在一定意义上表现出构成字典的过完备性，由于 DCT 原始字典包含各种方位的区域的稠稀纹理分布，表现出对灰度图像良好的重构表现能力。DCT 原始字典经过 K-SVD 更新学习后，特别是在稀疏分解时采用 OMP 的方法，其过完备字典具备较好的随着稀疏值 k 增加而提升的重构能力。变量采用 PCA 投影且用稀疏分解进行更新的过完备字典保持着较稳定的 $PSNR$，主分量的比例越大，其重构的效果越好。由于变量的 PCA 投影的本身就包含对全局变量的提纯和稀疏表达，故稀疏值 k 的变化对图像的重构能力提升影响较少。无论采用哪种字典构建方法，其字典更新过程中的稀疏表达采用 OMP 比 MP 的方法具备更加稳定的性能提升，这是由于 OMP 方法始终保证整体残差最小，将样本信号在已选列张成的解空间上重新投影，以获得在已选最佳匹配的样本原子的最优投影，保证了每列原子的正交性和继续参加其更新过程。

随着原始样本数量和字典中的原子列数的增加，通过学习方法更新提炼的过完备字典，特别是对原子中的各项表达的是特征变量而不是灰度的空间分布，通过样本学习的字典比在 DCT 和 Gabor 固定字典或在此基础上训练得到的字典具备更好的稀疏表达能力，因为经样本学习提炼的字典具备对实际特征对象的适应性，更能反映具体样本的数据分布和内涵本质，提取出的字典的每一列是对样本的一个奇异特征矢量表达，每个特征矢量列间又是相互独立的。

4.4　采用各种字典对火焰图像稀疏分解的残差计算

同样当稀疏值 k 变化时，以待测试的信号与稀疏表达的信号的相对误差来衡量重构字典对目标分类的精确度。在满足相对误差要求的情况下，k 值越小表示已构建的字典是更稀疏的过完备字典，同时字典中不为零稀疏系数所对应列的类别集合占多数者就是信号的类别。测试图像在不同字典构成方法下，对测试图像信号重构误差的比较结果如图 4.6 所示，相对误差值的计算采用 $Error=norm(y-y_0, 2)/norm(y, 2)$。

在样本作为初始字典的各种字典更新方式下，以"样本+K-SVD（OMP）"构成的过完备字典有比较稳定的稀疏分解精度，在稀疏值 k 为 20 以上时，其信号的稀疏分解相对精度基本趋于平稳。无论哪种字典构成方式，在字典更新过程中的稀疏方法采用 OMP 比 MP 要更加合理，这正是 OMP 在 MP 的基础上保证了构成的过完备字典的各原子是正交和独立的。以 DCT+K-SVD(OMP)构成的过完备字典对信号的稀疏分解随着稀疏值 k 的增加可达到非常高的精度，这是由于 DCT 初始字典包含各种方位和尺度的信号原子再加上 OMP 方法构成的原子间的正交性，同时 K-SVD 在字典更新的每次迭代过程中都控制总的误差使字典的整体稀疏性得到保障。DCT+K-SVD(OMP)构成的字典在更高分辨率图像重构上表现出良好的性能。在字典更新过程中的稀疏方法采用 MP 构成的字典，由于不能保证字典的每一列都正交，这样当稀疏值在 3-20 时，由于用非正交原子的分解系数的组合代替测试信号往往会带来噪声，故相对误差有所提升，但稀疏值 k 在较小的范围时，在这些过完备字典上会得到较精确稀疏分解结果，且稀疏值 k 无论在哪个范围，在这些过完备字典上得到的稀疏分类比原始样本作为过完备字典的稀疏分类仍然有更高的分类精确度。

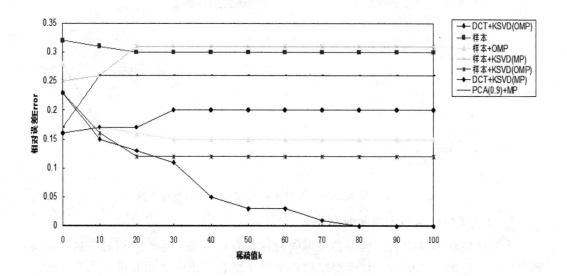

图 4.6　待测试图像信号重构误差的比较

将稀疏字典用于目标分类的过程中，都设定稀疏分解总体误差。在满足误差要求的前提下，计算稀疏分解过程中稀疏系数比较高的那些列所对应过完备字典中属于某一类，这些稀疏系数大和个数多的列对应的类是待测试目标的类别。由图 4.6 可知，在满足相对误差为 0.35 的情况下，往往在分解的稀疏系数中非零的稀疏值在 10 以下就可对测试区域目标进行较精确的分类。稀疏值在 30 以上都可达到在规定精确度要求下的较稳定的分类。

4.5　基于稀疏字典的火焰区域分类方法

4.5.1　火焰特征的稀疏字典构成

在过完备字典的构成过程中首先需考虑选择合适的特征类型。火焰区域的特征矢量包括颜色、纹理和动态特征，最后以串行方式将这些特征组合起来，每一个样本特征实列或者 DCT、Gabor 等分解的一列就是原始字典的一个原子，将原始字典通过稀疏分解或 K-SVD 等字典更新方法就可得到适应性更强的过完备字典。图 4.7 是各种稀疏字典构建和稀疏分解方法对火焰区域分类实验系统界面。

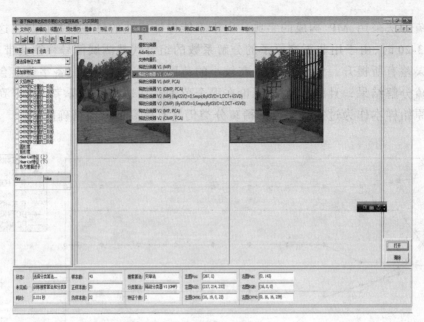

图 4.7　各种稀疏分解方法对火焰区域分类实验系统界面

1. 火焰图像的空域和时域特征定义

火焰区域在不同的颜色模型各通道间的视感对比具备差异性，通过转换可以得到不同的彩色模型分量图，且模型间的各个分量组合可清晰表示和描述火焰区域的特异性，将火焰区域在空域和时域的分布属性进行分解更能区分这些区域与背景的差异，如图 4.8 所示。

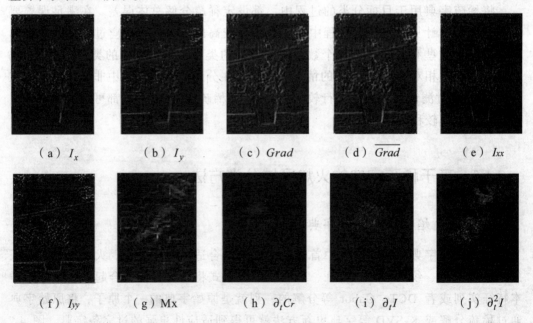

（a）I_x　　　（b）I_y　　　（c）$Grad$　　　（d）$\overline{Grad}$　　　（e）Ixx

（f）Iyy　　　（g）Mx　　　（h）$\partial_t Cr$　　　（i）$\partial_t I$　　　（j）$\partial_t^2 I$

图 4.8　视频图像中火焰各边缘和时频特征图

火焰在 RGB 彩色空间上没有明显的区别，在 HSV 彩色空间的各颜色分量基本是线性无关的，特别是在 S 通道上，火焰区域呈现一定的区别性，通过 CMYK 彩色空间的 M、Y 颜色分量，火焰区域能较好地被分割开来，而通过 YC_rC_b 彩色空间的 C_r 和 C_b 通道能将火焰区域一明一暗地显示出来。

图 4.8 显示了包括火焰区域的视频图像的空间各向边缘分布和时频特性分布，这些特征可借助像素点在空间和时序间的导数来进行统计分析和描述，图像在时限序上的动态变化特征需由第 I 帧和第 $I+t$ 帧的时空块确定。Ix、Ixx 表示亮度在水平方向一、二阶微分在空域的动态特性，各方向上的边缘信息可用图像梯度幅值 $Grad$ 信息综合表现之，采用亮度对时间的一阶和二阶导数描述火焰闪烁的时频特性，主要用于描述火焰与背景的动态关系，结合 C_r 和 C_b 等就可排除微动的树叶等误判，且从根本上排除了火焰颜色与类似的黄红色墙体、地面颜色的混淆而引起的特征干扰。考虑到火焰区域特性在时序上的变化性而取空间特征为时空块的前后分界帧的特征平均值具备了更合理的统计属性，火焰在 CYMK 空间的 M 分量上有比较大的值，同样它在 x 方向的微分也有比较大的分布。

2. 火焰图像的统计特征定义

对应单帧图像的颜色分布属性，通过计算颜色低阶矩表达和描述其火焰区域的颜色分布。一阶颜色矩描述火焰与区域的平均颜色强度，这正是颜色直方图的加权中心；二阶颜色矩表示颜色的方差；三阶颜色矩则表示颜色的偏斜度，各低阶颜色矩在选定的 $M{\times}N$ 窗口的定义如下：

$$
\begin{cases}
\mu_{ij} = \dfrac{1}{M \times N} \sum\limits_{m=i-\frac{N-1}{2}}^{i+\frac{N-1}{2}} \sum\limits_{n=j-\frac{M-1}{2}}^{j+\frac{M-1}{2}} p_{mn} & (4\text{-}15) \\[4mm]
\sigma_{ij} = [\dfrac{1}{M \times N} \sum\limits_{m=i-\frac{N-1}{2}}^{i+\frac{N-1}{2}} \sum\limits_{n=j-\frac{M-1}{2}}^{j+\frac{M-1}{2}} (p_{mn}-u_{ij})^2]^{\frac{1}{2}} & (4\text{-}16) \\[4mm]
s_{ij} = [\dfrac{1}{M \times N} \sum\limits_{m=i-\frac{N-1}{2}}^{i+\frac{N-1}{2}} \sum\limits_{n=j-\frac{M-1}{2}}^{j+\frac{M-1}{2}} |p_{mn}-u_{ij}|^3]^{\frac{1}{3}} & (4\text{-}17)
\end{cases}
$$

其中，p_{mn} 为像素颜色分量的概率值，$\mu_{ij}^{M}, \sigma_{ij}^{M}, s_{ij}^{M} \in [0,255]$。由于 C_r、C_b 和 Y 分量能较好地分割火焰区域，一种特征组合方案是采用区域的 C_r、Y、C_b 分量的颜色矩特征表示和描述火焰区域，判断火焰区域的颜色矩特征分别定义为：

$$
Moments_{flame} = \{u_{Cr}, \sigma_{Cr}, s_{Cr}, u_Y, \sigma_Y, s_Y, u_{Cb}, \sigma_{Cb}, s_{Cb}\} \tag{4-18}
$$

4.5.2　基于匹配追踪的火焰区域分类识别

针对火焰识别的过完备字典，可采用样本库中每一个样本为原始字典的一个列，每一个实列就是一个原子，也可对原始字典经过学习和更新得到更精炼的稀疏字典。

在对测试样本进行分类时，火焰区域样本在寻找一个最能表示和描述火焰区域的图像原子组合。匹配追踪算法是字典构造和对样本的稀疏分解中最基本的方法。匹配追踪算法对火焰区域分类识别的基本方法是：从火焰区域超完备字典中选择一个与火焰区域或烟雾区域信号 x 最匹配的那一列代表火焰样本图像或烟雾样本图像的原子，进行线性稀疏表示，求出火焰区域或烟雾区域信号 x 的残差，然后反复选择与火焰区域或烟雾区域信号 x 残差最匹配的火焰样本或烟雾样本的原子，反复迭代之后火焰区域或烟雾区域信号 x 可以由这些火焰样本或烟雾样本原子进行线性组合再加上最终得到的残差值来表示。如果火焰区域的最终残差值在可以忽略的误差范围时，则火焰区域信号 x 就是这些火焰区域或烟雾区域原子的线性组合，那些稀疏系数比较大的原子列所对应的样本类型就是火焰类别。

图 4.9   测试图像的 MP 分解系数直方图

图 4.9 是火焰区域测试图像通过匹配追踪对字典求解的稀疏表达系数分布。过完备字典是由初始的前 16 个火焰区域正样本和后 16 个非火焰区域的负样本提炼构成的火焰区域特征字典，其中非零系数多达 30 个。由图 4.9 可知，火焰区域测试图像在第一次和第二次匹配时得到的系数远远大于其他火焰区域正负样本，这就意味着该火焰区域实验图像基本上是由原始火焰区域样本图像第 13 和 7 号来表示，而其他的正负样本则是用来修正残值的，无论从考虑稀疏系数较大的个数和系数累积值等综合评价指标分析，测试火焰区域都属于样本 1-16 对应的火焰类别。

4.5.3   基于正交匹配追踪的火焰与烟雾区域分类识别

利用正交匹配追踪 OMP 从火焰区域超完备字典矩阵中重构出火焰区域原信号，在迭代次数相同的情况下，OMP 的重构效果比 MP 重构的效果好，这就意味着通过 OMP 求解稀疏表达的分类器能够对火焰区域或烟雾区域获得更准确的分类识别效果，这种情况是由于 OMP 迭代求解算法在每次迭代中，追求疑似火焰区域信号在已选最佳匹配的样本原子的最优投影。

图 4.10　测试图像的 OMP 分解系数直方图

　　图 4.10 是火焰区域测试图像通过正交匹配追踪对字典的稀疏表达系数分布。同样，火焰区域特征过完备字典由 16 个火焰区域正样本和 16 个非火焰区域的负样本提炼构成，其中非零系数只有 9 个，少于 MP 得到的系数。由图 4.10 可知，火焰区域实验图像在多次匹配后，各火焰样本图像原子的系数还会根据当前有效图像的特征原子进行正交化的修正处理，也就是说，该火焰区域测试图像是由多个相似的火焰区域样本图像共同表示的，而仅有少量火焰样本图像表达的原子在发挥残值修正的作用。这些特征与重构信号相对误差比较分析的结果一致。在过完备字典的训练更新和稀疏分解过程中，正交匹配追踪 OMP 比匹配追踪 MP 表现出更好的稀疏表达能力。

　　通过理论分析和实验验证，采用稀疏分解的方法对火焰区域进行分类，其颜色、边缘和统计特征的奇异性对分类效率和精确度有较大的影响，采用 CYMK 和 YC_rC_b 彩色空间的颜色矩特征描述火焰静动态特征，并采用匹配追踪和正交匹配追踪求解火焰区域的稀疏表达分类的算法具备很高的精确度。

第5章　基于特征融合和分类器组合的火灾区域的探测

5.1　火焰和烟雾区域搜索策略

要对一个区域进行特征分析,首先需确定在视频序列图像中获得考察区域的搜索方式。火焰和烟雾区域的搜索策略就是确定快速获得疑似火焰和烟雾区域的方法。穷举法的思路简单且易于结合不同的分类算法,但是需要遍历所有可能为火焰和烟雾的区域,搜索窗口大小和窗口移动步长决定着搜索效率。遗传算法跟粒子群算法等搜索算法按特定的策略对火焰和烟雾区域进行搜索,极大地提高了搜索效率。这两种算法涉及适应度函数的选择问题,适应度函数用于判断搜索区域与火焰或者烟雾区域相似的程度,这就意味着易于计算相似程度特征值的分类算法才适合与区域匹配择优的算法相结合。网格平铺法不但可以极大提高火焰和烟雾区域搜索的效率,还可以很好地结合各种火焰和烟雾区域分类算法,但由于搜索窗口尺寸固定,移动步长与窗口尺寸一样,就使得考察区域没有包含足够的火焰和烟雾特征成分,从而对正确分类产生影响,本章主要探索各种搜索方法并提出搜索策略的优化方法。

5.1.1　基于穷举法的火焰和烟雾区域搜索策略

穷举法通过遍历监控图像的每一个区域而实现穷举所有可能区域的情况。在一幅 320×240 的野外森林图像中,使用 16×16 搜索窗口的穷举法的搜索方式如图 5.1 所示。如搜索窗口在 2 个方向按 1 个像素大小的步长扫描完整幅图像范围,搜索窗口的左上角坐标有 68625 种分布,这就意味着需要采用同样次数的区域相关特征的运算操作,这种方式的搜索过程对一幅中等尺寸的野外森林图像各区域的特征运算和分类判断的时间需要 10 s 左右。

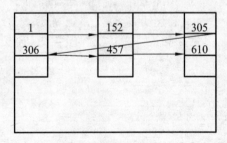

图 5.1　穷举法在监控图像中的搜索方式

图 5.2 是通过穷举方式搜索矩形范围并得到区域的帧间差分偏度分布特征图的过程。图 5.2（a）是连续 3 帧的图像，5.2（b）是连续 3 帧间的差分图像，5.2（c）是差分特征图各区域的方差分布。只要火焰区域的运动特征表现明显，该区域差分特征图的方差比较大。实验中搜索窗口矩形的大小为 16×16，设搜索窗口在两个方向的移动步长为窗口本身的尺寸，在这种情况下，该穷举法遍历的搜索方式实际是平铺方式。实现穷举方式搜索和方差、偏度和峰度计算的程序段如下：

　　（a）帧图像　　　　　　　（b）差分图像　　　（c）差分特征区域方差的分布

图 5.2　穷举法获得区域帧间图像差分图的方差的过程

```
Procedure  TSkewnessForm.SearchSingleWindowAndStatisticClick(Sender: TObject);
var //搜索窗口和移动步长定义的区域的方差、偏度等统计数据程序段
    p:pbytearray; SrcBmp,TempBmp: TBitmap;
    H,W,x,y:Integer; SampleX:TReal1DArray;
    Temp,Mean : Double;
    Variance : Double;//方差值
    Skewness : Double;//偏度值
    Kurtosis : Double;//峰度值
    RectSearcher: TRectSearcher;//搜索窗口对象
begin
    SrcBmp:=Tbitmap.Create;TempBmp := TBitmap.Create;
    SrcBmp.Assign(Image1.Picture.Bitmap);
    H:=16;W:=16;SetLength(SampleX, H*W);
    RectSearcher := TRectSearcher.Create;
    RectSearcher.RectEnumerator.Width := SrcBmp.Width;
    RectSearcher.RectEnumerator.Height := SrcBmp.Height;
    RectSearcher.RectEnumerator.MinWidth := 16;
    RectSearcher.RectEnumerator.MinHeight := 16;
    RectSearcher.RectEnumerator.MaxWidth := 16;
    RectSearcher.RectEnumerator.MaxHeight := 16;
    RectSearcher.RectEnumerator.StepLength :=1;
```

```pascal
RectSearcher.Init;
SetStretchBltMode(TempBmp.Canvas.Handle, Stretch_Halftone);
RectSearcher.Reset;
  while RectSearcher.Next do
begin
TempBmp.Width:=RectSearcher.Current.FRect.Right-RectSearcher.Current.FRect.Left+1;
TempBmp.Height:=RectSearcher.Current.FRect.Bottom-RectSearcher.Current.FRect.Top+1;
    StretchBlt(TempBmp.Canvas.Handle,0,0,TempBmp.Width,TempBmp.Height,
            SrcBmp.Canvas.Handle,
      RectSearcher.Current.FRect.Left, RectSearcher.Current.FRect.Top,
      RectSearcher.Current.FRect.Right - RectSearcher.Current.FRect.Left + 1,
      RectSearcher.Current.FRect.Bottom - RectSearcher.Current.FRect.Top + 1,
      SrcCopy);
  for y:=0 to H-1 do
  begin //计算矩形窗口内的差分图亮度值
  p:=TempBmp.ScanLine[y];
  for x:=0 to W-1 do
    begin
    SampleX[Y*W+X]:=Round(p[3*x+2]*0.3+p[3*x+1]*0.59+p[3*x]*0.11);
    end;
  end;//调用计算方差，偏差和峰度值子程序
CalculateMoments(SampleX, 256, Mean, Variance, Skewness, Kurtosis);
for y:=0 to H-1 do
  begin
  for x:=0 to W-1 do
    begin //以图像方式显示区域的方差，偏差和峰度值
    StatisticImage.Canvas.Pixels[RectSearcher.Current.FRect.Left+x,
RectSearcher.Current.FRect.Top+y]:=RGB(Max(0,Trunc(abs(0.1*Variance))),0,0);
    end;
  end;
end;
StatisticImage.Repaint;
SrcBmp.Free;TempBmp.Free;
end;
```

5.1.2 基于遗传算法的火焰和烟雾区域搜索策略

遗传算法将火焰区域或烟雾区域的搜索空间映射为遗传进化空间，把火焰或烟雾图像的每一个可行解区域通过适当方法进行编码可以得到一个关于火焰或烟雾区域的染色体，而作为染色体的区域编码中的每个元素称为基因，对染色体所组成群体，按照火焰或烟雾区域的目标对每个染色体进行评价得到该区域相应的适应度，即判断和计算该区域可能是火焰或烟雾区域相似的程度。遗传算法能快速搜索定位到一个火焰或烟雾区域，因此遗传算法可以用来对存在火焰区域和烟雾区域进行快速准确的判断。图 5.3 是遗传算法在监控图像中进行搜索的示意图，通过前几个最优坐标因子的选择和更新而逐步接近和获得最优的特征匹配区域。

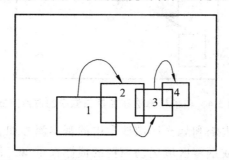

图 5.3　遗传算法在监控图像中的搜索方式

遗传算法在火焰或烟雾区域的搜索策略的基本流程如下：

（1）确定火焰或烟雾区域的编码方式，实验中将区域的坐标 x 和 y 按位连接成一个长整型的数字作为区域的染色体，而坐标数字的每一位就是一个基因；

（2）初始化火焰或烟雾区域的群体，随机产生 N_{GA} 个坐标 x 和 y 并组合成个体；

（3）利用适应度函数计算每个火焰区域或烟雾区域个体与标准模板的适应度；

（4）通过轮盘算法选择父个体，以概率 p_c 交叉父个体的基因而产生代表不同火焰或烟雾区域的子个体，在交叉过程中以概率 p_m 对子个体的基因产生突变，并由这些子个体组成下一代的群体；

（5）交替执行上述步骤（2）和（3）直到满足结束条件，然后将这一代群体中最适应火焰或烟雾区域的个体输出，即输出搜索矩形中心的 x 和 y 坐标。

遗传算法在区域搜索定位中的参数需要进行优化处理。在火焰或烟雾区域分类识别的实验中，父个体火焰和烟雾区域的交叉概率设定为 $p_c = 0.7$，子个体火焰和烟雾区域的变异概率则设定为 $p_m = 5 \times 10^{-3}$。为了适应不同大小的火焰或烟雾区域，并且考虑到视频图像和搜索区域都不会太大，本实验将坐标 x 和 y 以串联方式按位连接在一起。10 位大小的坐标可以表达 1024×1024 的火焰和烟雾图像。考虑到监控图像中大部分区域可能是背景区域，所以个体的变异概率采用 $p_m = 5 \times 10^{-3} \times (1 + Rate_{black})$，它与其所在的区域的背景像素所占有的比例 $Rate_{black}$ 成正比。

5.1.3 基于改进粒子群算法的火焰或烟雾区域搜索策略

粒子群优化算法 PSO 在火焰或烟雾区域的搜索定位中，是通过模拟鸟类群体进行觅食的运动而实现的。PSO 将火焰或烟雾区域作为粒子，并且保存所有粒子在进化过程中最接近火焰或烟雾区域的全局粒子 P_{global} 和每个粒子在进化过程中最接近火焰或烟雾区域的局部粒子 P_{local}。图 5.4 是粒子群算法在监控图像中的搜索方式示意图。

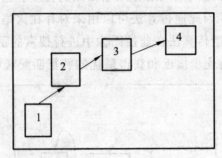

图 5.4 粒子群算法在监控图像中的搜索方式

粒子群优化算法在火焰和烟雾区域搜索中的基本流程如下：

（1）设定保持火焰或烟雾区域运动惯性的惯性权重 w，设每个粒子趋向于 P_{local} 的认知系数为 c_1 和使每个粒子趋向于 P_{global} 的社会系数为 c_2；

（2）初始化火焰或烟雾区域的群体，实验中采用随机产生的 N_{PSO} 个粒子的坐标 x 和 y，并对每个粒子给定一个初始的速度；

（3）按火焰或烟雾区域的适应度函数计算每个粒子的适应度；

（4）按公式（5-1）更新火焰或烟雾区域粒子的移动速度：

$$v_{jk}(t+1) = wv_{jk}(t) + c_1r_1(p_{jk} - x_{jk}(t)) + c_2r_2(p_{gk} - x_{jk}(t)), \qquad (5\text{-}1)$$
$$k = 1, 2, \cdots, n$$

其中，t 是迭代时间参数，n 是区域特征粒子的维数，j 是粒子序号，$x_{jk}(t)$ 和 $x_{jk}(t+1)$ 分别是粒子 j 在 t 和 $t+1$ 时刻的位置，$v_{jk}(t)$ 和 $v_{jk}(t+1)$ 分别是粒子 j 在 t 和 $t+1$ 时刻的速度，p_{jk} 是粒子 j 的局部最佳位置，p_{gk} 为粒子群的全局最佳位置，w 是火焰或烟雾区域移动的惯性权重，c_1 是火焰区域与烟雾区域粒子对自身趋向程度的认知系数，c_2 是火焰或烟雾区域粒子对全局把握程度的社会系数，$r_1, r_2 \in (0, 1]$，是随机数；

（5）按公式（5-2）更新火焰和烟雾区域的位置：

$$x_{jk}(t+1) = x_{jk}(t) + v_{jk}(t+1), k = 1, 2, \cdots, n \qquad (5\text{-}2)$$

其中，t 是迭代时间参数，n 是粒子的维数，j 是粒子序号，$x_{jk}(t)$ 和 $x_{jk}(t+1)$ 分别是粒子 j 在 t 和 $t+1$ 时刻的位置，$v_{jk}(t+1)$ 是粒子 j 在 $t+1$ 时刻的速度；

（6）交替执行步骤（3）、（4）和（5）直到满足结束条件，然后获得这一代群体中最适应火焰或烟雾区域的粒子即得到搜索窗口矩形区域坐标。

粒子群算法也能快速搜索定位到一个火焰区域或烟雾区域，因此也可以用来进行是否存在火焰区域和烟雾区域的判断。在本实验中取粒子火焰或烟雾区域的惯性系数 $w = 0.8$，粒子火焰或烟雾区域的认知系数 $c_1 = 1$，粒子火焰和烟雾区域的社会系数 $c_2 = 2$。由于监控图像中大部分区域可能是背景（以黑色像素表示）区域，当用粒子表示的火焰或烟雾区域为背景区域时，则需加速离开这个邻近的区域，粒子的速度修正为 $v_{jk}(t+1) = v_{jk}(t+1) \times (1 + Rate_{black})$，它与其所在区域的黑色像素的比例 $Rate_{black}$ 成正比。粒子群算法在火焰或烟雾区域搜索定位中的参数的优化将进一步提高搜索和分类效率。

5.1.4 基于改进网格平铺的火焰和烟雾区域搜索策略

基于网格平铺 GTA（Grid Tiling Algorithm）的火焰或烟雾区域搜索就是将监控图像平均分成若个 N_{Grids} 格子，然后对每个格子中的融合特征进行是否为火焰或烟雾区域的判断。这种方法相当于把穷举法的移动步长设定为格子本身尺度大小。与穷举法一样，网格平铺搜索适合于结合几乎所有的分类算法，并且能够以明显优于穷举法的速度收敛。但采用这种搜索方法的分类结果将过分依赖于火焰或烟雾像素在每个格子中所占的比例，虽然相邻的 4 个格子中至少有 1 个的火焰或烟雾像素所占的比例不小于 0.25，但如果包含火焰或烟雾的像素正好平均分布在相连的 4 个区域中，那每个格子的比例就是 0.25，这个火焰和烟雾区域就有可能无法被判断和识别出来。在这种情况下，常将每个类别区域的空间分布的逻辑关系作为一种分类可信度的补充判断。

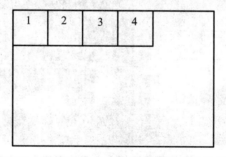

图 5.5　网格平铺在监控图像中的搜索方式

为了弥补考察的格子中可能拥有火焰或烟雾像素的比例过小而导致分类不准确的不足，可以对火焰或烟雾区域的分类标准做适当的放宽，在选定目标后通过采用如图 5.6 所示的调整格子的大小和位置的方法，然后利用黎曼距离或适应度函数进一步判断修正后的矩形格子范围是否为火焰或烟雾区域。

在区域搜索方面可采用穷举法、遗传算法、粒子群算法、网格平铺法等方法，对其一些搜索策略进行改进将提高整个系统的运行效率。实验证明对单帧图像的区域分类搜索，采用遗传算法和粒子群算法是候选火焰和烟雾区域搜索最快的方式。

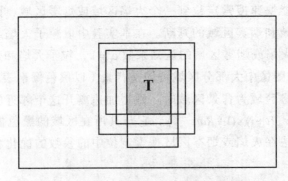

图 5.6　改进网格平铺在监控图像中的搜索方式

采用合适的区域搜索策略可快速判断出疑似的火焰和烟雾区域，无论是适应度计算或阀值判断都是以火焰或烟雾的正样本和非火焰和烟雾的负样本的计算为依据的，如考虑采用的特征矢量包括时频特征，则训练样本还需同时截取相邻的多帧图像。火焰或烟雾的正样本库中的样本通过区域分割方法和正确识别结果的区域抠取得到。图 5.7 是火焰区域正样本的来源视频图像示例，火焰图像中包括野外森林火焰和室内火焰，以颜色角度划分则包括红黄色火焰和白黄色火焰。图 5.8 是将火焰正样本来源视频图像经过均值聚类和多阀值分值等分割方法得到的部分小区域火焰样本图像。

图 5.7　火焰区域正样本来源的视频图像示例

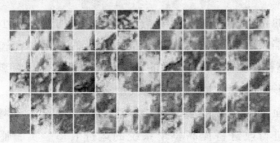

图 5.8　部分火焰区域正样本图像

图 5.9 是烟雾区域正样本的来源视频图像示例，烟雾图像中包括野外远处烟雾和

近处室内烟雾，以颜色角度划分则包括蓝黑色和白色烟雾，图 5.10 是将烟雾正样本来源视频图像经过均值聚类和多阀值分值等分割方法得到的部分小区域烟雾样本图像。图 5.11 是火焰和烟雾区域负样本的来源视频图像示例，负样本背景图像包括野外森林和室内图像，以运动角度划分则包括基本静态的背景物体图像和行人、移动汽车和晃动灯光的非火非烟的刚性物体图像，由于负样本也是考察时空特征的，基本静态的背景物体图像间的光流和对时序的导数基本为零。图 5.12 是抠取的部分非火焰和烟雾区域的背景样本图像，下述的 AdaBoost 算法、支持向量机和稀疏表达的分类算法在训练过程中所使用的火焰和烟雾区域的正负样本都源于这些原始样本库或者原始字典。

图 5.9　烟雾区域正样本的来源视频图像示例

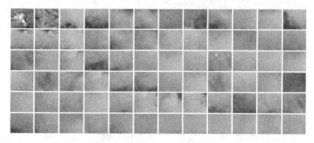

图 5.10　部分烟雾区域正样本图像

图 5.11　火焰和烟雾区域负样本的来源视频图像示例

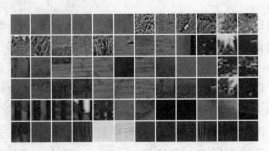

图 5.12　部分非火焰和非烟雾背景样本图像

5.2　基于融合特征和分类器组合的火焰和烟雾区域分类

5.2.1　基于协方差算子稀疏表达的火焰区域分类

1. 基于协方差矩阵描述子的火焰图像的融合特征定义

为了更好地表示和描述火焰区域，需要将火焰区域的多个特征融合在一起，但火焰区域的不同特征有不同的量纲和关联性，因此要采用合适的特征融合方法才能有效地发挥火焰区域不同特征的作用，兼顾这些特征的相互关系，借助于协方差矩阵可有效描述火焰的融合特征。火焰区域的协方差描述 n 维特征向量 $F = [f_1, f_2, \cdots, f_n]^\mathrm{T}$，第 i 维和第 j 维火焰区域特征的协方差以及 F 的协方差描述子用方程表示为：

$$c_{ij} = \frac{1}{N-1} \left(\sum_{k=1}^{N} f_{ik} f_{jk} - \frac{1}{N} \sum_{k=1}^{N} f_{ik} \sum_{k=1}^{N} f_{jk} \right) \tag{5-3}$$

协方差描述子 c_{ij} 是一个对称矩阵，其对角线上的元素表征每个火焰区域各特征的方差，而非对角线上的元素代表火焰区域不同特征之间的相关程度，如取特征组合如下：

$$\Phi_1 = [C_{\mathrm{rmax}} \quad C_{\mathrm{bmin}} \quad \overline{\Delta RB} \quad \mathrm{I}_{max} \quad \partial_t I]^\mathrm{T} \tag{5-4}$$

Φ_1 的特征组合方式引入的 $\overline{\Delta RB}$ 考虑了火焰区域红色比蓝色分量大的特性，I_{max} 考虑了火焰区域每个像素的亮度跳跃和呈现高值的特性，每个特征都考虑了时空块分界帧的共同统计属性，特征组合 Φ_1 中具体的各特征的描述如下：

$$C_{\mathrm{rmax}} = \max((C_\mathrm{r}(x, y, ti-(k/2)), C_\mathrm{r}(x, y, ti+(k/2))) \tag{5-5}$$

$$C_{\mathrm{bmin}} = -\min((C_\mathrm{b}(x, y, ti-(k/2)), C_\mathrm{b}(x, y, ti+(k/2))) \tag{5-6}$$

$$\begin{aligned} \overline{\Delta RB} = {}&(R(x, y, ti-(k/2)) - B(x, y, ti-(k/2))) \\ &+ (R(x, y, ti+(k/2)) - B(x, y, ti+(k/2))) \end{aligned} \tag{5-7}$$

$$I \max = Max(I(x, y, ti-(k/2)), I(x, y, ti+(k/2))) \tag{5-8}$$

$$\partial t = \left| I(x, y, ti-(k/2)) - I(x, y, ti+(k/2)) \right| \tag{5-9}$$

| （a）原图 | （b）Imax | （c）∂_t | （d）Cr_{max} |

图 5.13 野外火焰帧图像及各变量图像

图 5.13 是野外火焰图像及各变量图像的比较，包括时频的时空块由 3-10 帧图像组成，∂_t 表现时空块在时域的变化，火和烟的运动属性都包含在其中，图中运动的人体虽然也在这个分量图中有所表现，但只有火焰区域的 C_{rmax} 表现得比较突出，且 I_{max} 变量也基本能确定火焰的扩散范围，用协方差矩阵更能描述这些区域的整体差异和同质性。

图 5.14 是基于上述时空域特征的分别取自两个火焰区域协方差算子的分布比较，图 5.15 是分别取自两个非火焰区域协方差算子的分布比较，含微运动非火焰图像取自类似图 5.13（a）的 C 区草丛和地面等部分，含运动非火焰图像取自类似图 5.13（a）的 B 区栅格后被风吹动的树枝部分。

	Cr max	Cbmin	$\overline{\Delta RB}$	Imax	∂_t
Cr max	220	132	515	203	64
Cbmin	132	93	305	142	41
$\overline{\Delta RB}$	515	305	1326	400	57
Imax	203	142	400	975	640
∂_t	64	41	57	640	674

（a）运动火焰 1

	Cr max	Cbmin	$\overline{\Delta RB}$	Imax	∂_t
Cr max	171	138	490	228	109
Cbmin	138	126	412	209	104
$\overline{\Delta RB}$	490	412	1886	811	277
Imax	228	209	811	886	450
∂_t	109	104	277	450	626

（b）运动火焰 2

图 5.14 基于空域和时域特征的火焰区域协方差分布与比较

	Cr max	Cbmin	$\overline{\Delta RB}$	Imax	∂_t
Cr max	12	4	55	9	-1
Cbmin	4	8	18	4	-1
$\overline{\Delta RB}$	55	18	253	41	-4
Imax	9	4	41	133	0
∂_t	-1	-1	-4	0	6

（a）微运动的非火焰

	Cr max	Cbmin	$\overline{\Delta RB}$	Imax	∂_t
Cr max	8	0	35	47	-7
Cbmin	0	13	-7	-13	39
$\overline{\Delta RB}$	35	-7	166	235	-46
Imax	47	-13	235	3368	-257
∂_t	-7	39	-46	-257	934

（b）运动的非火焰

图 5.15 基于空域和时域特征的非火焰区域协方差分布与比较

图 5.14（a）、图 5.14（b）的含火焰区域协方差算子中的表达帧间火焰区域运动

的方差$\partial_t I$都比较大，C_r和C_b的方差都比较大，火焰的C_r、C_b和亮度I呈正向递增关系且各相关值都比较大，由于在时序上的$\partial_t I$与C_r、C_b同时产生运动关联，$\overline{\Delta RB}$值与C_r和C_b表现为正向递增关系。

图 5.15（a）取自无火焰偏红色地面区域的多帧图像，$\overline{\Delta RB}$值的方差及与其他特征的相关系数都比较小，含微运动的非火焰区域的$\partial_t I$方差及与其他特征的相关系数算子都比较小，这些属性来自于风和气浪的微动和光亮的帧间微差，非火焰区域的C_r、C_b方差一般都比较小，而表达帧间非火焰区域运动的方差$\partial_t I$在偏红色地面及草地区域比较小，图 5.15（a）显示无火焰且前景变化不大的区域的所有协方差描述子都为比较小的值。而图 5.15（b）表明在与天空交界的移动树枝和栅格后被风吹动的树枝区域的方差$\partial_t I$比较大。

2. 火焰特征的字典构成与稀疏分类

判断样本库中正样本与含火焰像素测试样本的相似性，需要通过计算两协方差间的距离得到，而协方差描述子的度量模型主要是基于仿射黎曼空间的度量，考虑到计算的快捷性，特征间的距离可由对数欧式距离简化计算得到。而考虑到由样本库中正负样本对测试样本的线性组合表达更能反映信号间的匹配关系，而采用将每个样本的协方差算子归一化后作为过完备字典的一个原子，经过反复学习训练所产生的新的稀疏系数和字典矩阵就构建出过完备稀疏词典。这个字典适应于具体实例样本的特征分布，通过测试样本在字典上的稀疏分解表达就可判断测试样本的分类标记。

采用区域协方差描述子的特征融合的方法将火焰区域的颜色、空间关系和时域信息表达为融合矢量特征，通过黎曼流形距离、对数欧式距离和支持向量机而对协方差的融合特征进行度量和分类，将火焰的奇异特性用协方差描述子构成向量表达的融合特征。用协方差描述子的统计数据作为特征的选择和组合，并采用这些描述子和彩色高阶矩特征的稀疏字典可精炼地表达火焰区域的融合属性。初始字典可以由这些特征组合的每个实列组成字典的每一列，通过 K-SVD 和其他字典更新将获得更适应实际情况的过完备字典。

通过匹配追踪 MP 或者正交匹配追踪 OMP 算法从火焰或者非火焰区域字典中选择一个与火焰或者非火焰区域信号 x 最匹配的那一列代表火焰或者非火焰样本图像样本的原子，并进行线性稀疏表示并得到它与火焰区域信号 x 的残差，这样通过反复选择获得与火焰或者非火焰区域信号 x 残差最匹配的火焰或者非火焰样本的原子，火焰或者非火焰区域信号 x 可以由这些火焰或者非火焰样本训练产生的原子进行线性组合再加上最终得到的残差值来表示，且保证火焰或者非火焰样本区域特征信号的最终残差值在可以忽略的接受范围内。在对新的测试样本特征稀疏表达时，对应于稀疏系数比较大的原子所在列所对应的类的综合投票结果就是测试区域的类别。

下列实验中采用的空域尺寸为 16×16 的时空块区域的 16 个火焰区域正样本和 16 个负样本的$\partial_t I$特征进行稀疏字典训练，在稀疏分解中引入 PCA 的方法将提高稀疏分解的运算效率，同时 PCA 的方法在字典构造初期就保证了各原子的正交性。

  图 5.16 和图 5.17 上方的 MP 分图是火焰或非火焰区域测试图像通过匹配追踪求解对火焰区域字典的稀疏表达系数，前 16 个对应的是火焰正样本训练后的稀疏原子，其中图 5.16 的火焰区 MP 分图中的非零系数多达 31 个，说明 MP 提炼的字典主要反映各样本原始的特性，而新的测试的火焰区域是这些所有火焰样本提炼的稀疏原子的组合，同时包含非零的系数值很小的非火焰区域的稀疏原子的组合，而图 5.16 的火焰区 MP-PCA(0.9)表明通过 PCA 方法保证了各特征变量的正交性，可以弥补 MP 提炼的字典各原子正交性的不足，保证测试火焰区域稀疏分解的非零系数基本在火焰的前 16 样本训练的字典上。火焰区域实验图像在第一次和第二次匹配时得到的系数对应的样本远远大于其他火焰区域正负样本的系数，这就意味着该矩形抠取范围中火焰区域图像基本上是由火焰区域的 13 和 7 号样本图像来表示，而其他的正负样本则是用来修正残值的。由图 5.17 的 MP 分图可知，矩形抠取范围中非火焰区域测试区域图像在第一次得到的样本对于系数远远大于其他火焰区域正负样本的系数，这就意味着该非火焰区域图像基本上是由 29 号非火焰区域样本图像对应的提炼原子来表示。

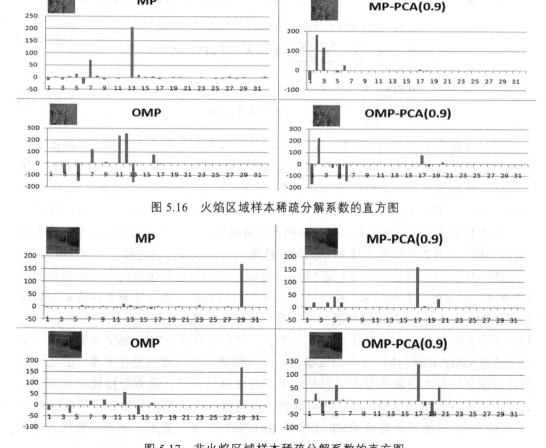

图 5.16 火焰区域样本稀疏分解系数的直方图

图 5.17 非火焰区域样本稀疏分解系数的直方图

图 5.16 的 OMP 分图是火焰区域测试图像通过正交匹配追踪求解由 16 个火焰区域正负样本组成的火焰区域字典的稀疏表达系数，其中非零系数只有 9 个，少于 MP 得到的系数，且主要集中在非火焰对应的样本训练原子上。由图 5.16、5.17 的 OMP 分图可知，测试到的火焰或非火焰区域图像在多次匹配后，各火焰样本图像原子的系数还会根据当前有效图像的特征原子进行正交化的修正处理，也就是说，该测试图像是由多个相似的火焰或者非火焰区域样本图像共同表示，而仅有少量火焰或者非火焰样本图像只发挥残值修正的作用。采用主元分析 PCA 表述特征字典的稀疏分解的 MP 和 OMP 方法仍然满足上述稀疏系数分布，而由于 PCA 方法使稀疏特征字典从开始就具备正交化属性，更加适应于 MP 方法的字典构成，已具备稀疏字典各原子正交性的 OMP 稀疏分解中引入 PCA 方法主要考虑的是稀疏分解的运算效率。

3. 火焰区域特征组合与分类方法实验与比较

实验中包括的视频流图像共 1200 帧，考虑权衡各种因素而主要采用 c_i 特征组合方式的 15 个协方差算子用于模型的训练与各种分类方法比较，空域上的搜索矩形为 16×16。为了提高协方差矩阵的计算效率，需要选择出在合理彩色模型下疑似火焰的判断准则，只有同时满足 C_r 与 C_b 存在差值的像素点和帧间亮度发生变化的像素点与时空块中像素点总数量的比率大于其各阈值的区域则确定为疑似火焰区域：

$$\begin{cases} \text{if } |Cr\text{-}Cb| > CrbdT, \ \text{Inc}(NCrbd) \\ \left(NCrbd / \sum_M \sum_N \sum_k \phi(M,N,k)\right) > CrbdR \end{cases} \quad (5\text{-}10)$$

和
$$\begin{cases} \text{if } |I(x,y,ti-(k/2)) - I(x,y,ti+(k/2))|, \ \text{Inc}(NId) \\ \left(NId / \sum_M \sum_N \sum_k \phi(M,N,k)\right) > IdR \end{cases} \quad (5\text{-}11)$$

在时空块中满足 $(C_r\text{-}C_b)$ 的像素点的数量占总像素数量的比率和像素点亮度变化数量占总像素数量的比率同时大于相应的阈值，则这个时空块可作为疑似火焰区域将作进一步的分析，实验中取该 $(C_r\text{-}C_b)$ 的阈值 $CrbdT = 25$，$(C_r\text{-}C_b)$ 的占比 $CrbdR = 0.2$，实验中取该相邻帧差分的阈值 $NId = 10$，在时频上亮度变化像素点的占比 $IdR = 0.15$。

表 5.1 显示了采用协方差特征参数和不同分类器组合的火焰正确识别率和分类效率比较。结合表 5.2 和如图 5.18 所示的识别结果可分析得到火焰的稀疏表达的有效性。

图 5.18（a）和图 5.18（b）是 SRC 分别结合单帧火焰区域颜色矩特征并且通过 MP 和 OMP 求解分类的结果，由于 MP 求解的稀疏表达不能保证原子间的正交，这样通过 MP 求解的 SRC 速度快但容易出现误检情况。图 5.18（c）和图 5.18（d）是 SRC 结合火焰区域时空块特征协方差描述子并且分别通过 MP 和 OMP 求解分类的结果，通过 OMP 求解 SRC 所得的火焰区域更为精确。采用颜色矩特征考虑的是单帧图像的颜色特征在空域的分布而容易产生部分虚报和漏报，协方差描述子兼顾了时域和空域的特征更加反映火焰的特异属性，无论是结合火焰区域颜色矩特征还是火焰区域协方差描述子，通过 OMP 求解的 SRC 始终具备更高的正确率和较低的误检

率，稀疏系数获取的效率通过高质量字典的构建和疑似火焰区域遴选过程而得到显著提高。

表5.1　用不同特征和分类器的火焰正确识别率和分类时间性能比较

| 分类方法 | 正检率 | | 误检率 | | 运行时间 S（100帧） | | | |
| | | | | | 不过滤疑似火焰区域 | | 过滤疑似火焰区域 | |
	Moment	CDM	Moment	CDM	Moment	CDM	Moment	CDM
黎曼距离		99.8		0.001		0.64		0.19
SVM-RBF	98.4	99.8	0.02	0.001	0.56	0.46	0.19	0.16
SRC+MP	98.3	99.7	0.06	0.003	1.23	0.94	0.25	0.21
SRC+OMP	98.6	99.9	0.02	0.001	1.86	1.25	0.28	0.26
SRC+MP+PCA	98.3	99.8	0.06	0.003	1.23	0.94	0.25	0.21
SRC+OMP+PCA	98.3	99.7	0.06	0.003	1.23	0.94	0.25	0.21

（a）SRC-MP+Moments

（b）SRC-OMP+Moments

（c）SRC-MP+CMD

（d）SRC-OMP+CMD

图5.18　不同特征和稀疏分类算法对火焰区域的识别效果

实验证明，协方差矩阵描述算子可以有效地融合火焰时空特异性能和特征，视频图像在 YC_rC_b 空间具备表达火焰的特异性，而单帧图像的颜色的低阶矩通过训练可以构成有效的稀疏字典。相对应的火焰图像稀疏表达频度和系数取值综合指标较大的样本的聚类中心值还可作为黎曼距离分类中的特征模板。实验验证基于正交匹配追踪求解的稀疏字典的稀疏分解表达具备较高的火焰识别准确率，并满足实时监控的运算速度要求，采用同伦算法的稀疏分解将具备更高的识别效率。

5.2.2　基于 AdaBoost 算法的火焰和烟雾区域的分类识别

1. AdaBoost 分类的基本方法

AdaBoost 算法是 Freund 等人于 1995 年提出来的一种迭代分类识别算法，这种算法能够有效地规避早期 Boosting 算法在实际使用中面临的问题，它最终判别的精确度与所有弱分类器的精确度密切相关。AdaBoost 算法的主要思想在于充分挖掘和发挥不同弱分类器对于同一个样本集训练而得的分类识别能力，最终把所有训练好的弱分类器融合而得到强分类器。AdaBoost 算法在训练的每一次迭代中，结合每个火焰样本图像和烟雾样本图像的分类结果是否正确和前面总体分类的准确率，来调整每个火焰样本图像和烟雾样本图像的权值。经过 T 次训练迭代后便可得到 T 个弱分类器，将它们融合而得到最终强火焰区域与烟雾区域分类器。使用 AdaBoost 分类器的优势是可以消除一些多余的训练样本数据，并着重考虑关键的训练样本。

AdaBoost 算法的目的是将一组分类识别能力较为一般的弱分类器通过特定方式融合起来，升级为一个分类识别能力非常强的强分类器。只要每一个火焰区域与烟雾区域弱分类器的分类识别能力比随机分类好，那么当火焰区域与烟雾区域弱分类器数量趋向无穷大的时候，火焰区域与烟雾区域强分类器的错误率将会趋向于零。

2. AdaBoost 算法对火焰和烟雾区域识别的基本步骤

输入训练集 $D = \{(x_1, y_1), (x_2, y_2), \cdots, (x_N, y_N)\}$，其中 x_i 为火焰和烟雾区域的特征值，y_i 为火焰区域与烟雾区域或非火焰和烟雾区域的标识，$y_i \in \{0, 1\}, i = 1, 2, \cdots, N$；其中 $y_i = 1$ 和 $y_i = 0$ 分别表示火焰、烟雾区域和非火焰、烟雾区域。假设训练集中火焰和烟雾正样本图像的个数为 N_{pos}，火焰和烟雾负样本个数为 N_{neg}，火焰和烟雾区域弱分类器数为 N_{clf}，火焰和烟雾区域样本特征个数为 n，则 AdaBoost 算法在火焰区域或烟雾区域分类识别中的具体实现步骤如下：

（1）设定训练循环轮数 T；

（2）初始化火焰样本图像或烟雾样本图像的权值为 $\dfrac{1}{N_{pos}}$，非火焰样本图像或非烟雾样本图像的权值为 $\dfrac{1}{N_{neg}}$，并记为 $D_t(i)$；

（3）初始化火焰区域或烟雾区域弱分类器计数器 $t = 1$；

（4）训练火焰或烟雾区域弱分类识别器 h_t，并计算错误率 $\varepsilon_t = \sum D_t(i)[h_t(x_i) \neq y_i]$；

（5）设 h_t 的分类权重 $\alpha_t = \dfrac{1}{2} \ln(\dfrac{1 - \varepsilon_t}{\varepsilon_t})$；

（6）更新样本权重 $D_{t+1}(i) = D_t(i) \times \begin{cases} e^{-a_t}, & h_t(x_i) = y_i \\ e^{a_t}, & h_t(x_i) \neq y \end{cases}$，并对 $D_{t+1}(i)$ 进行归一化处理；

（7）计算 $t = t + 1$，然后判断 $t \leqslant T$，若为真，返回到（4），否则结束循环；

（8）输出 AdaBoost 强分类器 $H(X) = sign(\sum\limits_{t=1}^{T} \alpha_t h_t(x_i))$。

3. AdaBoost 算法中误差分析

AdaBoost 算法最基本的理论特性就是可以降低火焰和烟雾样本图像训练误差，即降低训练样本的错误判别个数。对于火焰区域与非火焰烟雾以及烟雾区域与非烟雾区域的二分类问题，随机分类识别的错误率是 0.5，若令 h_t 分类识别的错误率为 $\varepsilon_t = \frac{1}{2} - \gamma_t$，则 γ_t 能够在某种程度上确定 h_t 相对于随机分类识别的准确程度，显然 γ_t 越小，即 h_t 错误率越小。$H(X) = sign(\sum_{t=1}^{T} \alpha_t h_t(x_i))$ 被证明了其所产生的分类识别的误差存在上界：

$$\varepsilon \leqslant \prod_t [2\sqrt{\varepsilon_t(1-\varepsilon_t)}] \leqslant \exp(-2\sum_{t=1}^{T} \gamma_t^2) \tag{5-12}$$

公式（5-12）说明每一个火焰区域或烟雾区域弱分类的能力只要好于随机分类识别，那么存在 $\gamma > 0$ 满足 $\gamma_t > \gamma$，于是最终火焰区域或烟雾区域的强分类器的分类识别误差将以指数速度降低至 0。

4. AdaBoost 算法在火焰和烟雾区域分类识别中的参数优化设计

根据第三章对火焰区域和烟雾区域特征的研究，本文的分类识别实验中使用颜色矩特征和协方差描述子两种火焰区域和烟雾区域的特征。在火焰区域分类识别实验中，当使用颜色矩特征时，最大弱分类器数量设为 9，而在使用协方差描述子 CMD 时，最大弱分类器数量设为 30。在烟雾区域分类识别实验中，当使用颜色矩特征 Moments 时，最大弱分类器数量设为 9，而在使用协方差描述子 CMD 时，最大弱分类器数量设为 60。

5.2.3 基于支持向量机算法的火焰和烟雾区域的分类识别

1. 支持向量机的分类方法

支持向量机 SVM 是 Vapnik 等人于 1995 年首先提出的，并且建立在严格的数学理论基础上的机器学习方法。SVM 利用内积的回旋巧妙地构造核函数，采取结构风险最小化原则，成功地解决了小样本的问题，并且通过解决凸二次规划问题便能够得到全局最优解。SVM 在最近几年来理论基础不断深化拓展，实现方式不断改进，应用的领域也随之不断扩大。

支持向量机主要包含了三个方面处理技术和方法：控制火焰区域或烟雾区域决策面的推广程度的最优超平面技术，允许火焰和烟雾区域样本出错的软件间隔的概念，以及使得原本线性扩展到非线性和原来平面扩展到超平面的内积核函数。

SVM 算法是从最优分类面在线性可分问题的应用中引出来的。最优分类面就是能够将火焰区域和非火焰区域及烟雾区域和非烟雾区域无误地分开，并且保证火焰区域和非火焰区域及烟雾区域和非烟雾区域的分类间隙最大。多维空间中火焰区域和烟雾区域的线性判别函数：

$$g(x) = \omega x + b \qquad (5\text{-}13)$$

对于公式（5-13），满足 $|g(x)| = 1$ 的样本向量与分类面靠得最近，并且所有火焰和烟雾样本图像都应该能被火焰区域和烟雾区域分类面正确划分，这就要求它必须满足：

$$y_i(\omega x_i + b) \geqslant 1 \quad i = 1, 2, \cdots, n \qquad (5\text{-}14)$$

在公式（5-14）中，使等号成立的火焰和烟雾样本图像的参数向量就叫做支持向量。此时分类间隔就为 $\dfrac{2}{\|\omega\|}$，$\dfrac{\|\omega\|^2}{2}$ 最小化就相当于分类间隔最大化。而非线性变换则能够将非线性问题转化到更高维度的空间中而变成线性问题，然后在变换而得高维空间中求解火焰和烟雾区域最优分类面，即采用适当的核函数 $K(x_i, x_j)$，并使得 $K(x_i, x_j) = \phi(x_i) \cdot \phi(x_j)$，把优化问题中的所有内积运算都用核函数去代替，就得到 SVM 的判断函数：

$$f(x) = \text{sgn}(\sum_{i=1}^{n} \alpha_i^* y_i K(x_i, x) + b^*) \qquad (5\text{-}15)$$

SVM 在火焰和烟雾区域分类中具体步骤如下：

（1）设已知训练集 $D = \{(x_1, y_1), (x_2, y_2), \cdots, (x_N, y_N)\} \subset (X \times Y)^n$，其中 $x_i \in X = \Re^n$ 是图像区域的特征，$y_i \in Y = \{1, -1\}$ 指示火焰、烟雾区域和非火焰、烟雾区域，$i = 1, 2, \cdots, n$；

（2）利用 SMO 算法求解 SVM 的目标判断函数，得到系数 $\alpha^* = (\alpha_1^*, \alpha_2^*, \cdots, \alpha_n^*)^T$；

（3）选择 α^* 的一个分量 $\alpha_j^* \in [0, C]$ 计算 $b^* = y_j - \sum_{i=1}^{n} y_i \alpha_i^*(x_i, x_j)$；

（4）输出火焰和烟雾区域决策函数 $f(x)$。

2. 支持向量机在火焰和烟雾区域分类中核函数的选择及其参数设置

核函数一般有多项式核、高斯径向基核、指数径向基核、样条核、傅里叶级数核、B 样条核等。目前较为常用的核函数有 3 类。

（1）多项式核函数：

$$K(x_i, x) = [(x_i \cdot x) + 1]^d \qquad (5\text{-}16)$$

这时 SVM 就是 d 阶多项式分类器。

（2）径向基核函数：

$$K(x_i, x) = \exp(-\frac{\|x_i - x\|^2}{\delta^2}) \qquad (5\text{-}17)$$

这时 SVM 就是径向基分类器,它区别于传统径向基函数方法的特点是：公式（5-17）中每一个基函数的中心可以对应一个支持向量，这些支持向量的选择及其权值的设定都能由算法自动完成，径向基方式的内积与人类视觉特性相似。但是值得注意的是，核函数的参数不同则获得的火焰区域和烟雾区域分类面也会有巨大差别。

（3）S形核函数：

$$K(x_i, x) = \tanh(v(x_i \cdot x) + c) \qquad (5\text{-}18)$$

这时 SVM 就是两层感知器网络，并且网络中隐层节点数目及其权值都是由算法确定而不像传统感知器网络那样需要人们凭借经验来确定。

虽然目前核函数种类选择及其核参数设定的依据尚没有定论，只能凭借经验或通过反复实验选取，但是理论分析与实验结果都表明，SVM 的性能与核函数的种类、核函数的参数以及参数的正则化都有很大关系，其中与核函数的关系最大。考虑到火焰区域和烟雾区域的特征，在本文的火焰区域与烟雾区域分类识别中，用于火焰区域分类的支持向量机选用 $d = 3$ 的多项式核函数，而用于烟雾区域分类的支持向量机则选用 $v = 1.5$ 和 $c = 1$ 的 S 形核函数。

5.2.4 基于 HOFHOG 特征词袋和 RF 的火灾区域探测方法

探索用光流直方图和有向梯度直方图描述火焰和烟雾的时空特征，分析在时空块内对不同通道下的光流直方图，探索火灾区域的梯度方向直方图的静动态特征的描述方法，将 HOFHOG 和其他特征通过 k-means 方法构成特征词典，并对随机决策森林树训练过程中的参数、性能进行了选择和分析，同时探测了火焰和烟雾区域各特征的空间分布、时序关系并由决策森林投票给出更逻辑合理的判断，实验证明基于 HOF 与 HOG 等特征词袋和随机决策森林结合的分类方法在火灾探测系统中表现出稳定的识别精度。

基于视频的火焰和烟雾自动探测是一种经济可靠的监控方式，火焰和烟雾的颜色属性的多样性和可变性更需要选择一个合理的彩色模型来定义，RGB、YUV、CIE Lab、HSV、HIS、CYMK 等颜色特征都被成功地应用于火灾的探测方法中，基于时空块特征的烟雾探测方法达到了较好的分类精度。由于同时针对视频图像中的火焰和烟雾的颜色与静动态特征进行分析和归类，仍需要采用合理的特征选择方法和适应性更强的分类器和组合分类器，下面主要探讨用各种彩色和 HOFHOG 动静态特征进行分类器集成并对火焰、烟雾区域进行分类识别，将详细分析光流对烟雾和火焰运动特征的描述方法，主要探讨用随机森林方法处理多分类系统的过拟合问题，将重点讨论随机森林决策分类器的各特征、参数选择和设计。

1. 火焰和烟雾的静态特征提取

特征提取需要考虑火焰、烟雾和背景像素在不同的彩色模型空间，具备不同的可区分度。实验中采用的彩色模型包括通常使用的红绿蓝 RGB 彩色空间，亮度、红和蓝彩色分量 yC_rC_b 空间，色度、饱和度和量度值 HSV 彩色空间和 CYMK 打印输出等彩色空间。RGB 彩色空间的软硬件处理方便但其线性相关性使区域类别的可区分性下降，HSV 的彩色空间的 H、V、S 分量具备对区域的可区分性，yC_rC_b 和 CMYK 空间的 C_r、C_b 和 M、Y 特征对火焰区域具较好的区分度。颜色分量的动态特征同时具备时频运动特征的区分能力，这包括对像素空域的求导处理反映区域在 X、Y 方向的变化性，如图像的 $I_{xy}(x,$

y, t)表示光强度在水平和垂直方向的一阶微分,显示区域在空域的动态特性。采用$\partial_t V$可表示亮度在帧间的微分累记以描述表示火焰或者烟雾闪烁的时频特性,它能描述它们与背景的动态关系,火焰区域的$\partial_t V$变化较大使得它的方差$\sigma(\partial_t V)$比较大,而烟雾区域的方差$\sigma(\partial_t V)$中等,运动较小的背景区域的$\sigma(\partial_t V)$接近为零。

2. 火焰和烟雾的动态特征提取

光流是由于场景中前景目标本身的移动、相机的运动,或者两者的共同运动所产生的。光流表达了图像像素在时序上的变化,可用于表现目标的运动情况。光流的方向用彩色的色调H表示,彩色的饱和度取一固定值,光流的强度用彩色的亮度V表示,这样光流模量越强,该点的颜色越亮,如一个区域为黑色则表明该区域不存在像素的运动。光流的 HSV 彩色仿真模型如图 5.19(a)所示,考虑到烟雾或火焰主要向上运动,这些像素的运动方向在 30°~150°更符合实际情况,这时该区域的光流仿 HSV 模型中的彩色图像应该偏向于红黄色和黄绿色。图 5.19(b)显示远处烟雾的图像和它的光流分布图,这时观察到的烟雾主要为向上向左部分运动而呈现为绿色和黄色。图 5.19(c)显示近处烟雾的光流分布,烟雾的中上部为向上运动而呈现为绿色,由于视距近和烟雾翻滚的原因,除图中主要为黄、绿和红表示向上运动的颜色外,也包含部分表示向下部运动的蓝色和粉红色。图 5.19(d)、(e)显示图像中火焰和烟雾都存在的光流图像,计算光强通道V的光流属性更适应烟雾的区域探测,而饱和度通道S的光流属性更适应火焰的区域探测。

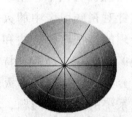

(a)光流的扇区分布　　　(b)远处烟雾与光流　　　(c)近处烟雾与光流

(d)V通道光流　　　　　　　(e)S通道光流

图 5.19　帧间图像和其仿 HSV 模型的光流分布

图 5.20 是时空帧间图像的光流图像与直方图。其中 5.20（a）、（b）为原相邻帧图像。图 5.20（c）为离散分块中心点的光流矢量分布，包括每点的光流大小和方向。图 5.20（d）为帧差图像。图 5.20（e）为包含每点像素的稠密光流分布图。5.20（f）为光流分布直方图。

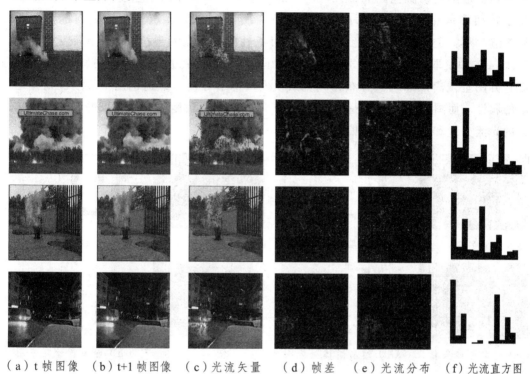

（a）t 帧图像　（b）t+1 帧图像　（c）光流矢量　（d）帧差　（e）光流分布　（f）光流直方图

图 5.20　相邻帧间的光流图像分析结果

由图 5.20 可知，非运动区域各点的光流模量都比较小，图 5.20 的第一、二排的烟雾微粒都是从左下向右上进行移动，故直方图的 1-3 柱表现为向左、向左上和向上方向为主要光流方向，1-6 柱的总体光流累积模量大于 5-12 柱的光流模量累积，表示图中整个烟雾的流向由左下向右上发展，其中 90°方向为运动的主方向，且这两排图像的直方图有相似的形状分布。从图 5.20 中还可看出，对于烟雾和火焰中心相对稳定的亮度等特征，用帧差图不能表现它们的变化，而用光流相关的特征图却能表现其运动属性。图 5.20 的第三排图像中大模量的光流矢量也主要分布在烟雾运动区域，烟和火的主要运动是向天空方向，它的 7-12 柱在 181°~359°的累积光流模量仍然是占小部分。在图中右边铁栅格后面一个小区域中树枝摆动的现象在图 5.20(d)帧差图像中为较大的运动特征量，而在相应的光流矢量图中表现为在水平和向下方向的光流运动，且结合帧间 HOG 变化和颜色特征可进一步验证该小区域属于非火、非烟的物体运动。

图 5.20 的第四排图像是在夜间对开灯汽车从右后向左前的运动描述，在车灯闪动区域有较大的光流模量，光流直方图呈现光流向左下方的运动趋势，表示向上运

动的 2-5 柱的总体光流累积模量较少，光流分布的彩色图像基本构成为绿蓝色。

更小区域的光流分析将反映图像区域的详细运动分布，如第一排图 5.20（e）表示近处烟雾的光流分布，烟雾的上部分为向上运动的翠绿色，而中下部分包含向各种方向扩散运动的颜色。局部区域的光流矢量用不同长度的红色箭头表示，图 5.21显示帧间图像在抠取的局部区域的光流分布是各异的。实验用抠取窗口的大小为16×16，烟雾和火焰区域的光流直方图在 1-6 柱的总体光流累积模量都比较大，而图5.21（e）中抠取的非烟雾、非火焰的运动刚体区域如右边铁栅格后面摆动树枝的光流直方图呈现离散和跳跃分布，光流累积模量都中等偏小，这也是一般刚性物体运动的属性。而图 5.21（g）表示在图的左下角抠取的砖块地面背景区域的帧间各相位间的光流分量和累积模量都偏小或为零。

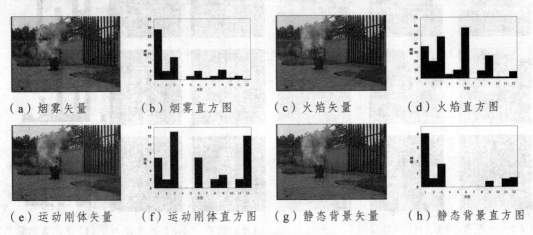

（a）烟雾矢量　　　（b）烟雾直方图　　　（c）火焰矢量　　　（d）火焰直方图

（e）运动刚体矢量　（f）运动刚体直方图　（g）静态背景矢量　（h）静态背景直方图

图 5.21　帧间图像在抠取的局部区域的光流分布

基于梯度方向直方图 HOG 能有效描述区域的边缘分布。HOG 特征则是通过计算和统计图像局部区域的梯度方向直方图来构成特征，即计算每个像素的梯度并统计出每个弧度分区的模量累积。梯度方向直方图特征是同 SIFT 特征类似的一种局域描述，可以很好地表征局部区域内目标的梯度结构和变化，进而表征一幅图像的局部形状以及形状的空间关系，反映了纹理变化在整体上的统计特性。每个搜索时空块中的特征值和整体特征值都按 L_1 范数规范化后将对图像几何和光照的形变保持较好的不变性。通常情况下，烟雾和火焰中心区域表现为均等平滑过渡，其 HOG 各弧段模量的均值和方差值保持平稳。

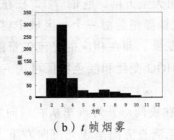
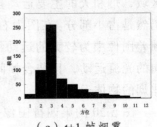

（a）烟雾图像　　　　（b）t 帧烟雾　　　　（c）$t+1$ 帧烟雾

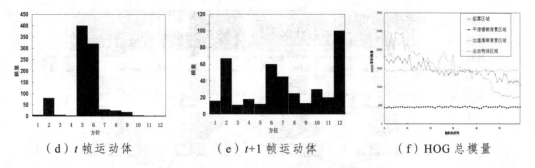

（d）t 帧运动体　　　（e）t+1 帧运动体　　　（f）HOG 总模量

图 5.22　帧间图像各局部区域的 HOG 变化分布

在图 5.22（a）的左下、中间和右上三个区域分别抠取背景、烟雾和运动中的人体部分区域。由图可知，抠取的背景区域相邻帧的 HOG 的主方位和总体累积模量都基本稳定。图 5.22（b）、（c）显示烟雾的相邻帧区域 HOG 在各相位上分布趋势变化不大，由于烟雾像素的离散分布和在时频上的变化使得它们的 HOG 总体累积模量处于中等。抠取的 t+1 帧烟雾区域的 HOG 总体累积模量有所减少表明此时区域内部演变为烟雾区域，而烟雾边缘的像素减少而使总的梯度模量下降。图 5.22（d）、5.22（e）显示运动中的人的相邻帧区域 HOG 在各相位上发生很大变化，且它们的总体累积模量也很大。

图 5.22（f）是不同时频帧间在不同区域的 HOG 总模量变化趋势，平滑模糊背景区域的 HOG 总模量处于分布图的下端，边缘清晰背景区域的 HOG 总模量处于分布图的中端，但这两条曲线在总模量值上基本没有变化。烟雾区域的 HOG 总模量处于分布图的中端，这条曲线在总模量值上的变化范围处于中等。运动物体区域的 HOG 总模量在短时序上的变化非常大，运动物体的 t0+10 帧范围内，由于图中人体的突然闯入，使区域的 HOG 总模量大且变化也大。运动物体的 11-48 帧范围内，由于该区域都为人的衣服区域，HOG 总模量处于中等水平且变化区域中等。运动物体的 49-60 帧范围内，人体已经从这个区域范围向左运动而逐步消失，这段帧间区域 HOG 总模量变化平稳，且它们的平均值回归到没人进入前的背景 HOG 的总模量值，通过时序上 HOG 总模量和主方位变化的均值、方差、偏差和偏度就可将几类区域区分开来。

3. 基于特征词袋的特征描述

特征词袋的构成与分类过程如图 5.23 所示。从图像中候选区域或者人工提取出的 HOGHOF 等局部特征，使用 k-means 方法将局部区域特征进行聚类，每个聚类中心被看做是词典中的一个视觉单词，这样视觉词汇由聚类中心对应特征形成的词条来表示，词典中所含词的个数反映了词典的大小，图像中的每个特征都将被映射到这个视觉词典的某个词上，然后统计每个视觉词的出现的次数，通过统计属于每个词条的特征个数，这样对于每一类区域图像就可描述为一个维数相同而分布不同的直方图向量。按此特征词袋排布的样本通过训练构建随机森林树分类器，对待检测的图像区域特征也投影到词条分布直方图而进行分类。

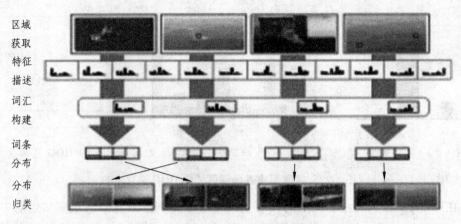

区域
获取

特征
描述

词汇
构建

词条
分布

分布
归类

图 5.23　特征词袋的构成与分类

　　字典的大小对分类效果有一定的影响，字典选择过大使单词缺乏一般性，对噪声敏感且计算量大。字典选择太小将导致词条过于类似于某一个训练样本，对相似的目标特征无法表示。

　　对于待测图像的归类，获取局部区域图像并计算局部区域特征与词典中每个词条的特征距离，通过将图像的局部区域特征向这个可视词典的影射概率就得到这些特征对词典中各词条的对应关系的直方图。实验中的时空块取为（$\Delta x, \Delta y, \Delta t$），通常取窗口的长宽为 16×16，连续帧数为 10，HOG 采用当前考察帧的梯度方向直方图，HOF 为时空块中 t 个连续帧的光流直方图，颜色特征和表达空域特征的 HOG、表达时频特征的 HOF 经过归一化后串联为一个特征集合。选自训练样本的这些时空特征通过 k-means 方法而构成特征词袋。由于一个样本基本上在少数几个词条上有所反映，故特征词袋也是特征稀疏表达的方式之一。实验中取 "词汇构建" 中的词条大小 k=450。在训练阶段随机选择 625 个时空块，其中，125 个为室内和室外的火焰，125 个为远处的烟雾，125 个为近处的烟雾，125 个为与稀薄烟雾颜色类似的云彩和雾气，125 个为静态的背景和运动的非火焰、非烟雾的区域。

　　4. 随机决策森林算法及分类

　　随机森林算法的实质是一个树型分类器的集合 $\{ h(x, \theta_k), \ k=1,2\cdots n\}$，在训练的时候每一棵树的输入样本数小于全部的样本数，从 M 个特征中只选择 m 个子集进行学习，构成的随机森林决策模型由很多个精通不同领域的专家组成，对一个新的测试数据的分析由各个专家的投票得到结果。随机森林分类器模型如图 5.24 所示。其构建步骤如下：

　　（1）在所有样本集合 S 中每次有放回地抽取 n 个不同的样本 $\{x_1, x_2, \ldots x_n\}$，形成新的子集合 s^*，这样训练集的个数为树的总数 T。

　　（2）在决策树的每个节点需要分裂时，从这 m 个属性（$m<M$）中采用诸如信息增益等策略来选择 1 个属性作为该节点的分裂属性。

　　（3）决策树形成过程中每个节点都要按照步骤（2）来分裂，一直到不能够再分裂为止。

（4）按照步骤（1）-（3）建立起大量的决策树，直到决策树的总数=T而构建完成出整个随机决策森林。

由于每棵树的训练样本数和分类特征属性的选取都是随机性的，这保证了随机森林决策不易产生过拟合的现象。

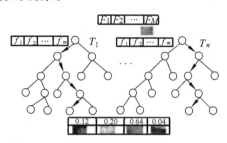

图 5.24　随机森林分类器的构造和分类

图 5.24 是随机森林分类器的构造和分类示意图，在对决策森林的构建过程中，每次由从包含火焰、较远烟雾、较近烟雾和非火非烟的 4 类样本库中选择出 n 个样本，每个样本虽然有 M 个特征 F_i，但每棵决策树 T_i 训练用的特征只用到 m 个特征 f_i。在对样本进行测试的阶段，如对野外森林图中烟雾区域的测试，将利用每个决策树进行测试，得到对应的类别 $C_1(X)$，$C_2(X)$，$\cdots$，$C_T(X)$，图 5.24 中下面的图框表示测试样本对火焰的投票概率为 12%，对较远烟雾的投票概率为 20%，而对较近烟雾类别的投票概率为 64%，故待测试区域的最后分类定为较近烟雾区域。

5. 决策树棵数和特征数量对随机森林性能的影响

随机森林中包含的决策树棵数的大小对算法的泛化性能具有一定的影响。决策树棵数对分类器影响的实验分析结果如图 5.25 所示。实验中选择随机森林中包含树的棵数为 2-300 进行测试。当然，最佳决策树的棵数与特征组合子集也有关，图 5.25 中的特征组合 Φ_2 有比较好的反映烟雾和火焰的属性，整个误差值比用特征组合 Φ_1 的要小。对于特征组合 Φ_2 而言，当决策树的棵数为 55 左右，其相关的分类误差为最少。对于特征组合 Φ_1 而言，由于特征子集还不能本质上反映所有烟雾特别是火焰的样本的属性，其决策树棵数的有所提升才能有效地弥补样本数据的不对称和分类的不确定性，对于特征组合 Φ_1 的最小分类误差对应的决策树的棵数为 71 左右。决策森林中树的数量过少使各个子专家决策数量的减少将影响到最后的投票结果。决策森林中树的数量过多，还会对最后的投票进程增加更多的模糊性。

图 5.26 是在同一特征组合下，每棵树构建时选择的训练用特征数 m 不同而对应的森林树棵数与分类误差的关系曲线。如果 m 过小，则每棵决策树可能选择到的关键特征包含在其中的概率小，这样单个专家的分类精确度下降将影响到最后的分类投票精确率。如当选择的训练用特征数 m 小于 $M/4$ 以下时，分类误差处于较大的范围；同样当选择的 m 过大时，每棵决策树可能选择到的具备模糊边界特征，也包含在其中的概率大，这样就削弱了由于随机函数带来的随机森林的泛化能力，本实验

系统中选择出的较为合理的训练特征数 $m=M\times4/9$。

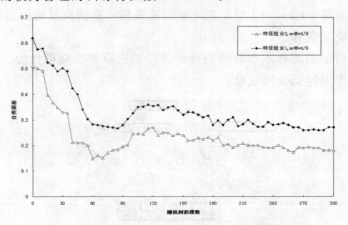

图 5.25　不同特征组合下森林树棵数与分类误差的关系

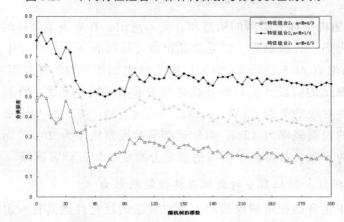

图 5.26　不同训练特征数下森林树棵数与分类误差的关系

6. 特征组合对随机森林分类性能的影响

　　烟雾和火焰区域具备亮度和光流的变化,烟雾的 HOG 在各个 bins 上的模量基本相等且在时频上变化较少, 近处火焰且特别是火焰的边缘部分的 HOG 在各个 bins 上的模量在时频上变化较大。考虑到烟雾和火焰运动呈现出整体上升的运动, 为区分烟雾、火焰和非烟雾、非火焰的区域, 用向上运动比例 (Up Motion Ratio, UMR) 表示向上运动的趋势, 其表达公式为:

$$UMR = \sum_{\theta=1}^{6} HOF(\theta) \Big/ \sum_{\theta=1}^{12} HOF(\theta) \qquad (5-19)$$

　　如果向上运动比例 UMR 小于 0.5, 即这时的光流活跃区域不是一个向上运动的烟雾或火焰区域, 而向上运动比例 UMR 大于 0.5, 这时的光流活跃区域是一个向上运动的烟雾或火焰区域, 特别是对于远处的烟雾和火焰区域的判断更是如此, 因为远处的烟雾和火焰的向下翻滚的少量微粒运动是视频图像不能反映的。

　　用 Relief 等算法获得对火焰、烟雾的正确判断权重大的特征, 而多个特征的融合常常产生更有效的对训练和测试数据更好分类的分类器。对于一个给定的训练样本，过大的网络往往产生的决策森林比更少特征组合的森林数分别能力更差，组合中特征数的过多增加将使得决策过分依赖一些特别实列而产生非归纳性的偏向。该实验最后采用的特征组合如公式（5-21）所示，Φ_2 比 Φ_1 更多地兼顾火焰区域的属性。它包括对亮度时序变化、向上运动比例和 HOFHOG 的均值及在时序上的方差和 CYMK 空间的 M 分量的描述，通过这些特征集合的词袋表达使训练和分类前有较好的稀疏表达，通过决策森林而使系统对数据有较好的泛化能力。

$$\Phi_1 = (\ \partial_t V,\ \text{UMR},\ \overline{HOF},\ \overline{HOG},\ \sigma_t(HOF),\ \sigma_t(HOG)\ ) \tag{5-20}$$

$$\Phi_2 = (\ \partial_t V,\ \text{UMR},\ \overline{HOF},\ \overline{HOG},\ \sigma_t(HOF),\ \sigma_t(HOG),$$
$$V, \sigma(\partial_t V), M, \sigma(\partial_t S)\ ) \tag{5-21}$$

7. 火焰和烟雾区域探测实验和分析

在火焰、烟雾区域的遴选阶段，当一窗口的时空区域像素运动累计达到一定比例时认为该区域为运动区域并认定为候选火灾区域，这些探测到的小区域将用特征词袋作为组合特征进行下一步的判断。

图 5.27（b）为遴选出在时频上变化的疑似火焰和烟雾的区域，图 5.27（c）是包含运动方向的光流分布图像。图 5.27 的第一排为对较远白色烟雾的探测结果，连续视频框架中包含短时近距的蝴蝶瞬间掠过的镜头。其远距离的烟雾一般为向上运动大趋势的像素流动，它的稠密光流分布图 5.27（c）表现为绿色和黄色占比大。如将搜索窗口尺寸由 16×16 改为 8×8，将获得更精细的探测结果，图中蝴蝶的瞬间掠过可能产生的误报将由 HOG 的动态描述和光流累积的统计分析而被排除掉。图 5.27 的第二排为同时包括远处白色烟雾和下方有水平运动的汽车区域，在稠密光流分布图 5.27（c）中的烟雾区域呈现绿色和黄色，表示烟雾向上运动，而图的下部汽车运动区域的光流分布图中的的光流累积模量不大，且呈现水平方向运动的大红或绿蓝色。图 5.27（d）为 Φ_2+RF 的探测结果，由于 HOF、HOG 及主方向变化等特征的引入能甄别镜头前瞬时掠过的蝴蝶和运动汽车与均匀扩散烟雾的差异。

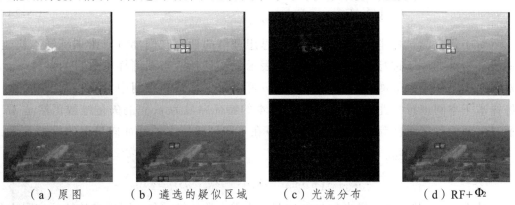

　（a）原图　　　（b）遴选的疑似区域　　　（c）光流分布　　　（d）RF+Φ_2

图 5.27　采用 HOFHOG 词袋特征和随机决策森林的火灾区域检测结果

HOF、HOG 和其他特征的组合为火灾区域分类词典的构成提供高区分度的词条，而特征词袋在一定程度上为火灾区域提供稀疏表达。随机决策森林训练特征数及决策树的数量合理选择将使随机决策森林的分类效果明显提高。引入的光流直方图反映了烟雾和火焰持续向上的运动而使系统探测精度保证在一个稳定的水平，随机决策森林具备的泛化能力提高了火焰和烟雾的探测系统的鲁棒性，特征的稀疏表达和随机决策森林对数据泛化能力的结合使火灾探测达到实时和高效。

5.2.5 基于 HOFHOG 稀疏表达和分类的烟雾区域探测方法

1. 稀疏字典构成

火焰和烟雾颜色是烟雾探测中采用的一种重要特征，火焰在 CYMK 模型中的 Y、K 分量具备较大的特异性，火焰区域的饱和度 S 一般也表现突出，而烟雾区域一般呈现为平滑的灰色区域，它的红、绿和蓝色各分量基本相等，烟雾区域中心部分各颜色变量平滑分布，故采用固定窗口大小区域中的颜色特征变量包括：两个颜色空间分量的均值 $\overline{H}$、$\overline{S}$、$\overline{V}$、$\overline{Y}$、$\overline{M}$，纹理和边缘特征：亮度在两个方向的偏导均值 $\overline{\partial V_x}$、$\overline{\partial V_y}$，动态特征变量：向上运动比例 UMR，光流直方图的 12 个方位值，帧间 HOG 总模量变化 $\partial(|HOG|)/\partial t$，动态特征，全部特征组合中的静动态特征共 21 维。

每个样本的特征组合组成特征矩阵的一列，取每列为 $M=21$ 个特征参数，共有 $N=3$ 类的区域，它们在矩阵中的排列顺序为火焰、烟雾和非火焰和烟雾，如取每类的训练样本为 150，则共有训练样本数是 150×3 个，第 i 类训练样本中的第 j 个样本的特征向量如下：

$$F_{i,j}=\begin{bmatrix} f_{i,j}^1 & f_{i,j}^2 & \cdots & f_{i,j}^M \end{bmatrix}_{M\times 1}^{\mathrm{T}} \tag{5-22}$$

由 150 个训练样本组成的每类 i 的特征矩阵如下：

$$F_i=\begin{bmatrix} F_{i,1} & F_{i,2} & \cdots & F_{i,150} \end{bmatrix}_{M\times 150} \tag{5-23}$$

包含整个 N 类训练样本的特征矢量构成的特征矩阵如下：

$$F=\begin{bmatrix} F_1 & F_2 & \cdots & F_N \end{bmatrix}_{M\times(150N)} \tag{5-24}$$

对于每个测试样本，以稀疏表示的思想理解的话，它们都可以由训练样本构建的特征矩阵的原子进行稀疏线性组合来表示，在具备适当训练样本数目的条件下，对于属于某一类别的测试样本特征向量，可以由训练样本空间中具有相同类别的训练样本子空间进行线性表示。设定测试样本的特征向量为 y，它的矢量维数仍然是 M，通过下面的欠定线性等式求得测试样本 y 在不同训练样本的特征向量上的投影系数。

$$\begin{aligned} y_{M\times 1} &= F_{M\times(150N)}x_{(150N)\times 1} \\ &= F_{M\times(150N)}\left(x_{1,1},x_{1,2},\cdots,x_{1,150},\cdots,x_{N,1},x_{N,2},\cdots,x_{N,150}\right)^{\mathrm{T}} \end{aligned} \tag{5-25}$$

其中，$x_{i,j}$ 表示测试样本的特征向量 y 在第 i 类的第 j 个训练样本的特征向量上的投影系数。求解出的 x 中非零元素的个数要远远小于 $150N$ 才是稀疏表达的含义所在。在实际求解中，求出的 x 的非零元素会分布于多个类别，在相应类别的投影系数的非零个数多且系数要大些，但在其他类别的投影系数也有非零的情况发生。求出 x 的稀疏解采用的公式如下：

$$x^* = \arg\min\|x\|_0, \quad s.t. \quad y = Fx \qquad (5\text{-}26)$$

这样就保证了 x 中非零元素的个数最少，并且返回相应的 x 值。但 L_0 范数求解是一个 NP 难问题，将 L_0 范数等价于 L_1 范数问题的求解方法如下：

$$x^* = \arg\min\|x\|_1, \quad s.t. \quad y = Fx \qquad (5\text{-}27)$$

如考虑到噪声等因素，测试图像的特征向量包括误差向量 e_0，$y-e_0=Fx$ 能够更实际地对测试样本图像进行合理分类，下式是考虑误差向量后求出 x 的近似值的公式：

$$x^* = \arg\min\|x\|_1, \quad s.t. \quad \|y-e_0-Fx\|_2 \cdot \varepsilon_0 \qquad (5\text{-}28)$$

通过计算测试样本与各类训练样本的重构残差来判断测试样本的所属类别，当重构残差 v_i 最小时，所对应的训练样本类别即为测试样本类别，计算测试样本与第 i 类训练样本的重构残差的公式如下：

$$v_i = \|y - F\alpha_i(x^*)\|_2 \qquad (5\text{-}29)$$

2. 基于正交匹配追踪的火灾和烟雾区域探测分析

图 5.28 是一火焰区域对于特征矩阵通过 OMP 稀疏分解得到的系数直方图分布，在 OMP 分图中的非零系数只有 31 个，非零系数比较大的有 9 个，主要位于前 150 个的表达火焰的原子上，在 151-450 列上也有非零系数出现，该火焰测试样本与样本库中的第 93 个特征列最为相似，因此在该原子上获得最大的稀疏分解系数。该测试样本在 190 附近的烟雾样本列和 358 附近的非火焰和烟雾样本列获得非零系数说明这些非火焰样本列特征矢量具备与测试火焰区域相似的静动态特征，但这种相似度不大，测试火焰区域最后归类为火焰类别。

图 5.29 是通过 HOFHOG 和稀疏表达分类对野外火焰区域的探测过程和结果。图 5.29（b）中的光流矢量分布显示主要运动区域在中部偏左的烟雾和火焰部分。图 5.29（c）中的光流 HSV 仿真图像显示火焰的主运动方向向左向上飘动，主要运动区域表现为浅绿色。虽然室外的树枝部分有运动成分，但通过局部 HOG 总模量的变化和颜色特征将被排除在火焰区域类别外。图 5.29（d）中对火焰的探测结果用蓝色框标出。

图 5.30 是一烟雾区域对于特征矩阵通过 OMP 稀疏分解得到的系数直方图分布，在 OMP 分图中的非零系数只有 27 个，非零系数比较大的有 12 个，主要位于表达烟雾的第 150-300 的原子上，在较前和较后列上也有非零系数出现，该烟雾测试样本与样本库中的第 199 个特征列最为相似，在该原子上获得最大的稀疏分解系数。该测试样本在烟雾样本类别所在列以外的列获得非零系数说明这些非烟雾样本列特征矢量有较少与测试烟雾区域相似的矢量特征，该测试区域最后归类为烟雾类别。

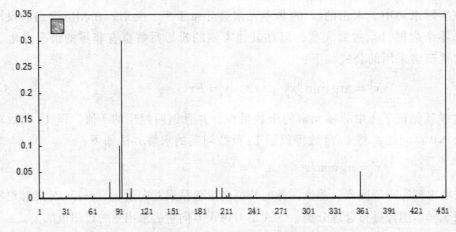

图 5.28　火焰区域通过 OMP 稀疏分解的系数直方图分布

（a）原图　　　　　（b）光流矢量分布　　　　（c）光流分布　　　　（d）HOFHOG+OMP

图 5.29　基于 HOFHOG 和 SRC 的火焰区域检测结果

图 5.31 是通过 HOFHOG 和稀疏表达分类同时对烟雾和火焰区域的探测过程和结果。图 5.31（b）中的光流矢量分布显示主要运动区域在中部偏左的烟雾和火焰部分，图 5.31（c）中的光流 HSV 仿真图像显示火焰和烟雾的主运动方向向左上飘动，主要运动区域表现为浅蓝绿色。图 5.31（d）中对火焰的探测结果用蓝色框标出，对烟雾的探测结果用红色框标出。

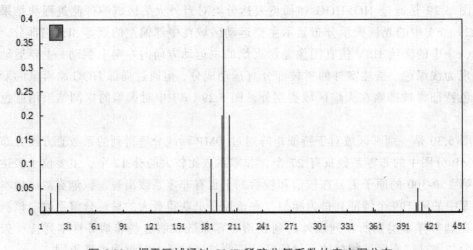

图 5.30　烟雾区域通过 OMP 稀疏分解系数的直方图分布

| （a）原图 | （b）光流矢量分布 | （c）光流分布 | （d）HOFHOG+SRC |

图 5.31　基于 HOFHOG 和 SRC 的火焰和烟雾区域检测结果

5.2.6　基于 HOFHOG 稀疏表达特征和 RF 的火灾区域探测方法

1. 冗余字典优化

同样为了表达火焰和烟雾的特征奇异性，选择两个颜色空间中 5 个分量的均值、纹理和 2 个边缘特征、一个向上运动比例、12 个光流直方图方位值和帧间 HOG 总模量变化作为特征组合：$\overline{H}$、$\overline{S}$、$\overline{V}$、$\overline{Y}$、$\overline{M}$，$\overline{\partial V_x}$、$\overline{\partial V_y}$、UMR，$OF_{i=1..12}$ 和 $\partial(|HOG|)/\partial t$，而每个样本的这 21 个静动态特征为特征矩阵的一列。

开始初步随机选取 500 个火焰和 500 个烟雾区域正样本和 500 个非火焰和烟雾区域的负样本。由于稀疏表示中的冗余字典对判定测试样本的所属类别起决定性作用，因此寻找出最佳的冗余字典自然就能区分出训练样本中的不同类别并能判定测试样本的所属类别。我们需要通过选择过程得到更加有效而优异的冗余字典。优异的冗余字典要求所有训练样本的类内平均欧式距离最小且所有训练样本的类间平均欧式距离最大，也就是要求冗余字典中的每一类训练样本的类内重构残差尽量小而类间重构残差尽量大。当训练样本足够大时，我们根据稀疏表示的分类规则对训练样本进行适当裁剪，以保证样本类内平均欧式距离最小而样本类间平均欧式距离最大，且裁剪后的字典对 SRC 还是随机决策树的分类器都能提高分类效率。

设 $y_{i,j}$ 为第 i 类第 j 个训练样本的特征向量，通过压缩感知的稀疏表达的方法求出 x^*，使得 x^* 满足 $y_{i,j} = Fx$。样本 $y_{i,j}$ 在其所属类别 i 的距离表示为：

$$d_{in} = \left\| y_{i,j} - F\alpha_i(x^*) \right\|_2 \tag{5-30}$$

样本 $y_{i,j}$ 与除类别 i 以外的其他别的类别的距离表示为：

$$d_{out} = \frac{1}{N-1} \sum_{s \neq i} \left\| y_{i,j} - F\alpha_s(x^*) \right\|_2 \tag{5-31}$$

为了优化冗余字典以更好地稀疏表达分类效果，定义第 i 类第 j 个样本对分类的优劣影响的准则：

$$r(y_{i,j}) = \frac{d_{out}}{d_{in} + \varepsilon} \tag{5-32}$$

当 $r(y_{i,j})$ 越大，说明 $y_{i,j}$ 越是优异的训练样本，这样的 $y_{i,j}$ 放在一起，就可以更好地判别测试样本的所属类别，这样取 $r(y_{i,j})$ 较大的 150 个火焰样本，150 个烟雾样本和 150 个非火焰和烟雾样本作为特征矩阵或者过完备字典。这样过完备字典的每一列作为随机决策树构建过程中的一个样本参加训练。

2. 基于随机决策树的火灾和烟雾区域探测分析

随机决策树的分类效果取决于特征组合方式和训练时采用的特征数 m。图 5.32 是在同一特征组合下，每棵树构建时选择的训练用特征数不同 m 对应的森林树棵数与分类误差的关系曲线，每类测试样本采用在特征矩阵提优过程中余下的 350 个实列，总的特征矢量个数为 $M=21$ 个。如果每棵树训练时的特征数 m 取得过小，如取 $m=6$，则每棵决策树可能选择到的关键特征包含在其中的概率小，这样单个专家的分类精确度下降将影响到最后的分类投票精确率，由于特征数太少，要想达到最佳的分类精确度就将增加决策树的数量，无论是火焰探测还是烟雾探测，当特征数 m 减少时，相对误差的曲线谷底将向右移动。同样当选择的 m 过大时，每棵决策树可能选择到的具备模糊边界特征也包含在其中的概率大，这样就削弱了由于随机函数带来的随机森林的泛化能力。由于特征矢量中包含对火焰探测有益的 Y、M 颜色分量，该分类组合方法对火焰的探测精度要高些。当训练时的特征数取总特征数的一半多点的时候，系统达到最佳的分类精度，同时也可在保证测量精度的条件下适当减少随机森林树构建的数量。本实验系统中选择出的较为合理的训练特征数变化范围为 m 取 40-75。

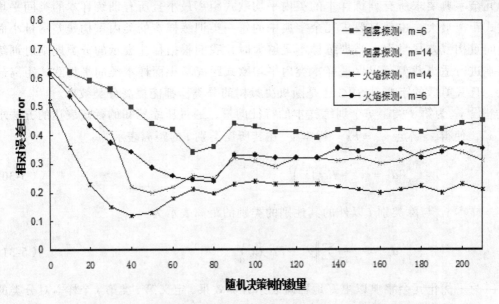

图 5.32　不同训练特征数下森林树棵数与火焰和烟雾分类误差关系

图 5.33 是通过 HOFHOG 和随机决策森林分类方法同时对烟雾和火焰区域的探测过程和结果。图 5.33 的第一排为对室内火盆上燃烧火焰的探测，图 5.33 第一排的（b）中的光流矢量分布显示图中主要运动区域在中部燃烧的火焰和火焰在地面的反

射部分，图 5.33（c）中的光流 HSV 仿真图像显示火焰的主运动方向为火焰的上下窜动,主要运动区域表现为浅绿色，图 5.33（d）中对火焰的探测结果用蓝色框标出，由于门后白色日光灯的高亮对比效果，使真实火焰的颜色更加偏白，而由于地面上的火焰影子部分远离日光灯而更偏火焰红色,使得加强了该区域的饱和度 S 和 CYMK 的 Y 和 M 颜色特征而被判断为火焰区域。图 5.33 的第二排为一辆前灯开启的汽车从后右边向左前面开去视频图像，图 5.33（b）中的光流矢量分布显示的主要运动区域在左下部的车灯部分，图 5.33（c）中的光流 HSV 仿真图像显示车和车灯晃动的主运动方向为向左下和水平左移，主要运动区域表现为蓝色和浅绿蓝色，由于第二排的图 5.33（d）中不存在火焰和烟雾区域，通过特征组合中的 Y、M 和 HOG 动态变化规律可排除假的火焰或烟雾区域的报警。

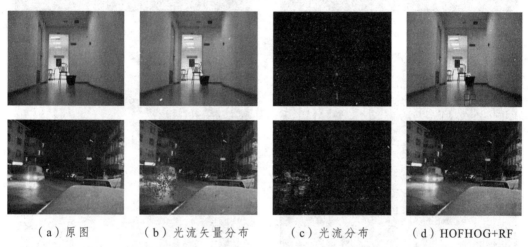

（a）原图　　　　（b）光流矢量分布　　　（c）光流分布　　　（d）HOFHOG+RF

图 5.33　基于随机决策森林树和特征矩阵的火焰和烟雾探测结果

5.2.7　火焰与烟雾特征和分类方法组合与比较

不同的特征融合和不同的分类器组合将对火焰和烟雾区域产生不同的检测效率，同时在整体画面中采用遗传算法 GA、粒子群算法 PSO 和网格平铺 GTA 等搜索疑似矩形区域具备不同的运算速度和计算精度，所采用的 AdaBoost、支持向量机 SVM 和基于稀疏表达的分类器 SRC 等分类算法适应于不同的特征组合和探测对象。通过结合不同火焰和烟雾区域的动静态特征、不同火焰和烟雾区域的搜索策略以及不同火焰和烟雾区域的分类算法，可以获得多种不同方式的实验结果。比较性实验包括 AdaBoost 分别结合矩特征 Moments 和协方差矩阵描述子 CMD 的组合火焰和烟雾区域分类识别实验，SVM 分别结合 Moments 和 CMD 的组合火焰和烟雾区域分类识别实验，基于 MP 求解的 SRC 分别结合 Moments 和 CMD 的组合火焰和烟雾区域分类识别实验，以及基于 OMP 的 SRC 分别结合 Moments 和 CMD 的组合火焰和烟雾区域分类识别实验。

（a）GA+Moments

（b）PSO+Moments

（c）AdaBoost+Moments

（d）AdaBoost+CMD

（e）SVM+Moments

（f）SVM+CMD

（g）SRC+MP+Moments

（h）SRC+MP+CMD

（i）SRC+OMP+Moments

（j）SRC+OMP+CMD

图 5.34　不同特征组合和分类算法对火焰区域的识别效果

　　图 5.34 展示了不同特征、不同搜索策略与不同分类算法相结合的实验结果。图 5.34（a）和图 5.34（b）说明，GA 和 PSO 结合火焰区域颜色矩特征能够准确判定是否存在火焰区域。但是 GA 由于存在交叉和变异的情况，染色体代表的区域的进化轨迹不是连续的而是跳跃的，因此最终输出的结果正确但通常不是最佳的火焰区域。而 PSO 中粒子代表的区域的进化轨迹是连续的，因此最终输出的结果是经过不断调整位置而得到的较为准确的火焰区域。图 5.34（c）和图 5.34（d）是 AdaBoost 算法分别结合火焰区域颜色矩特征和火焰区域协方差描述子分类的结果。AdaBoost 算法的优点在于效率高，但准确率略有偏低，结合火焰区域颜色矩特征并不能准确判断出所有的火焰区域，而且如果没有进行分割而对原图像进行识别还会有不少的错误分类。火焰区域协方差描述子提高了 AdaBoost 对火焰区域的识别能力，却降低了其效率。图 5.34（e）和图 5.34（f）是 SVM 分别结合火焰区域颜色矩特征和火焰区域协方差描述子分类的结果。SVM 训练时间虽然比较长，但是识别的准确率比较高而

且识别时间也不算太长。SVM 和火焰区域颜色矩特征几乎能准确地识别出分割后图像中所有的火焰区域，因此使用火焰区域协方差描述子对 SVM 的准确率没有太大的作用反而是降低了 SVM 的识别效率。

图 5.34（g）和图 5.34（h）是 SRC 分别结合火焰区域颜色矩特征和火焰区域协方差描述子并且通过 MP 求解分类的结果。这两种方法分类得到的结果基本相同，火焰区域协方差描述子对提高通过 MP 求解的 SRC 没有显著的改善作用。一般情况下，通过 MP 求解的 SRC 速度快而容易产生误判。图 5.34（i）和图 5.34（j）是采用火焰区域颜色矩特征和火焰区域协方差描述子两种特征组合并且通过 OMP 求解的分类结果。通过 OMP 求解 SRC 所得的火焰区域更为精确，采用火焰区域协方差描述子对通过 OMP 求解的 SRC 与采用火焰区域颜色矩特征并通过 OMP 求解的 SRC 的分类效果基本相同。

（a）GA+Moments

（b）PSO+Moments

（c）AdaBoost+Moments

（d）AdaBoost+CMD

（e）SVM+Moments

（f）SVM+CMD

（g）SRC+MP+Moments

（h）SRC+MP+CMD

（g）SRC+MP+CVD

（h）SRC+OMP+CVD

图 5.35　不同特征组合和分类算法对烟雾区域的识别效果

烟雾、火焰和背景这三类过完备分字典通过组合而成一个大的稀疏字典，经过对测试区域图像在该字典上的稀疏组合表达就可获得区域的分类。烟雾区域的稀疏表达分类也可以采用独立于火焰字典构建和稀疏表达分类的方式，通过串行方式使烟雾和火焰区域的探测通过轮巡方式完成，这需要分别构建独立的烟雾正负样本字典和火焰正负样本字典。为了实验分析和比较的目的，本实验采用独立的烟雾正负样本字典构建和稀疏分解方式。

图 5.35（a）和图 5.35（b）是 GA 和 PSO 结合烟雾区域颜色矩特征对烟雾区域分类的结果。与对火焰区域搜索的结果相同，GA 和 PSO 都能够准确判定是否存在烟雾区域。图 5.35（c）和图 5.35（d）是 AdaBoost 分别结合烟雾区域颜色矩特征和烟雾区域协方差描述子对烟雾区域分类的结果。AdaBoost 结合烟雾区域颜色矩特征的实验存在明显的误判区域，而烟雾区域协方差描述子则提高了 AdaBoost 对烟雾区域识别的能力，排除了结合 Moments 的误判区域。图 5.35（e）和图 5.35（f）是 SVM 分别结合烟雾区域颜色矩特征和烟雾区域协方差描述子对烟雾区域分类的结果。SVM 结合烟雾区域 Moments 对烟雾区域的分类比较准确，但也存在误判区域。烟雾区域 CMD 使 SVM 对烟雾区域的识别更为精确了，但是对于有些并不明显的烟雾区域却不能识别。图 5.35（g）和图 5.35（h）是 SRC 分别结合烟雾区域矩特征和烟雾区域协方差描述子并通过 MP 对烟雾区域分类的结果。通过 MP 求解的 SRC 结合烟雾区域 Moments 能够有效识别烟雾区域，而结合烟雾区域 CMD 有更低的误判错误率。图 5.35（i）和图 5.35（j）是 SRC 分别结合烟雾区域 Moments 和烟雾区域 CMD 并通过 OMP 对烟雾区域分类的结果。烟雾区域 CMD 能有效地降低通过 OMP 求解的 SRC 错误率。

通过对火焰和烟雾视频图像流中 708 帧的第 11 帧到第 610 帧共 600 帧图像的组合实验，得到遗传算法跟粒子群算法对火焰区域和烟雾区域搜索检测的正确率和错误率如表 5.2 所示，以及颜色矩特征和协方差描述子两种火焰区域与烟雾区域特征跟 AdaBoost 算法、基于稀疏表达的分类算法和支持向量机相结合对火焰区域和烟雾区域分类识别的正确率和误检率如表 5.3 和表 5.4 所示。

表 5.2　遗传算法跟粒子群算法在火焰区域和烟雾区域搜索探测的效果

		GA		PSO	
		正确率	错误率	正确率	错误率
火焰区域	存在	94.5%	5.5%	98.4%	1.6%
	不存在	91.1%	8.9%	93.7%	6.3%
烟雾区域	存在	82.2%	17.8%	81.2%	18.8%
	不存在	78.3%	21.7%	77.3%	22.7%

表 5.3　各种特征和分类算法的对火焰区域分类结果比较

	Moments		CMD	
	正确率	误检率	正确率	误检率
AdaBoost	89.8%	15.3%	90.1%	12.3%
SVM	89.1%	10.7%	90.1%	10.3%
SRC+MP	90.3%	15.6%	90.7%	15.0%
SRC+OMP	91.6%	10.1%	92.3%	9.3%

表 5.4　各种分类算法的对烟雾区域分类的效果比较

	Moments		CMD	
	正确率	误检率	正确率	误检率
AdaBoost	82.8%	32.8%	83.1%	27.4%
SVM	81.1%	28.5%	79.7%	26.7%
SRC+MP	82.7%	32.9%	82.3%	27.3%
SRC+OMP	83.3%	27.3%	83.4%	24.3%

　　粒子群算法对火焰区域的搜索探测的正确率比遗传算法的高，而且错误率更低。本研究所提出的火焰区域颜色矩特征能够很好地表示和描述火焰区域，对于具备连续性的粒子群算法来说，只要找到了疑似火焰区域，所有的区域粒子都会一定程度地朝着这个方向运动，因此最终结果通常会找到更准确的火焰区域，而对于具有跳跃性的遗传算法来说，就算找到了疑似火焰区域也有可能会因为变异算子而跳离这片区域，这样最好匹配区域有可能在进化过程中被淘汰。

　　遗传算法对烟雾区域的搜索探测的正确率比粒子群算法的高，而且错误率更低。由于烟雾颜色矩特征不能很好地表示和描述烟雾区域，容易受到天空高亮物体的干扰。遗传算法即使找到了假性疑似烟雾区域，也会因为交叉和变异算子而使得区域个体跳出这个误判的区域，而粒子群算法在这种情况下，不但无法像遗传算法那样跳离误判区域，而且还可能驱使其他区域粒子往这个错误区域运动。

　　无论是结合火焰区域颜色矩特征还是火焰区域协方差描述子，通过 OMP 求解的 SRC 始终具备最高的正确率和最低的误检率，但是 SRC 的效率很低，在得到进一步改善前，可能不适用于视频图像流中。通过 MP 求解的 SRC 也有较高的正确率，与此同时也有最高的误检率，这是由于 MP 求解的稀疏表达并不是十分准确的。SVM虽然训练时耗费较多时间，但是分类识别火焰区域时效率高于 MP 和 OMP 求解的

SRC，仅次于 AdaBoost 算法。SVM 有较高的正确率，而误检率仅高于 OMP 求解的 ORC。AdaBoost 分类识别火焰区域的效率最高，但相应的误检率也比较高。通过火焰区域协方差描述子，所有分类算法的正确率都提高到 90%以上，而且误检率都降低到不超过 15%。

在烟雾区域分类识别实验中，通过 OMP 求解的 SRC 也具备最高的正确率和最低的误检率，其他分类算法的对比情况基本上跟在火焰区域分类识别实验中一致。但是各烟雾区域分类的正确率都降低了，对应的误检率却大大提高了。

火焰和烟雾区域分类识别中对候选区域的搜索策略具备重要作用，不同的火焰和烟雾区域特征组合与不同的火焰和烟雾区域分类识别算法相结合将产生不同的识别分类效果。对火焰和烟雾区域的稀疏表达分类方法具备实时快捷精确的探测效果。

基于 HOFHOG 特征和各类分类方法的组合能有效减少误检测率，图 5.36 是以 HOFHOG 特征和稀疏表达或随机决策森林分类算法组合对烟雾区域的识别效果比较。

（a）HOFHOG+SRC

（b）HOFHOG + DF

（c）HOFHOG + SRC

（d）HOFHOG +DF

图 5.36 基于 HOFHOG 特征组合和分类算法对烟雾区域的识别效果

图 5.36（a）和图 5.36（b）是 HOFHOG 特征与稀疏表达 SRC 或随机决策森林 DF 分类组合对近处烟雾区域的识别分类的结果，系统可有效排除偏火焰颜色和亮度微小变化对识别结果的干扰。图 5.36（c）和图 5.36（d）是 HOFHOG 特征与稀疏表达 SRC 或随机决策森林 DF 分类组合对远处烟雾区域的识别分类的结果，系统可有效排除镜头前微小运动物体（如昆虫掠过）对识别结果的干扰。

参 考 文 献

[1] 罗胜，JIANG Yuzheng. 视频检测火焰的研究现状[J]. 中国图象图形学报，2013，18（10）：1225-1236.

[2] 王宏. 基于数字图像处理的森林火灾识别方法研究[D]. 北京：北京林业大学，2009.

[3] 余荣华. 森林火灾图像自动识别系统的研究与实现[D]. 南昌：南昌大学，2008.

[4] 章毓晋. 图像工程（上册）图像处理[M]. 2版. 北京：清华大学出版社，2006.

[5] 高彦飞，王慧琴，胡燕. 基于空间区域生长和模糊推理的视频烟雾检测[J]. 计算机工程，2012，38（4）：288-290.

[6] 郑松峰，徐维朴，刘维湘，郑南宁. 基于无监督聚类的约简支撑向量机[J]. 计算机工程与应用. 2004，40（4）：74-77.

[7] 陈才扣. 基于核的非线性特征抽取与图像识别研究[D]. 南京：南京理工大学，2004.

[8] CEVHER，VOLKAN，KRAUSE，ANDREAS. Greedy Dictionary Selection for Sparse Representation[J]. Journal of Selected Topics in Signal Processing，2011，5（5）：979-988.

[9] 蒋先刚. 数字图像模式识别工程项目研究[M]. 成都：西南交通大学出版社，2014.

[10] 刘永信，魏平，侯朝祯等. 复杂背景中视频图像目标的检测[J]. 内蒙古：内蒙古大学学报（自然科学版），2001，32（6）：670-674.

[11] ZHAO B，SU H，XIA S. A new method for segmenting unconstrained handwritten numeral string. In：Proceeding of the International Conference on Document Analysis and Recognition，Ulm，Germany，1997，Vol. 2：524-527.

[12] Q. C，et al. Segmentation of numeric strings. In：Proceedings of the Third International Conference on Document Analysis and Recognition，1995.

[13] VLADIMIR SHAPIRO，GEORGI GLUHCHEV，DIMO DIMOV. Towards a Multinational Car License Plate Recognition System[J]. Machine Vision and Applications，2006（17）：173–183.

[14] FELIPE P. G. BERGO，ALEXANDRE X. FAL CAO，PAULO A. V. et al. Automatic Image Segmentation by Tree Pruning[J]. J Math Imaging Vis，2007（29）：141-162.

[15] 袁宏永. 高大空间火灾探测及火火技术[J]. 消防技术与产品信息，2003，10（5）：

65- 67.

[16] 廉小亲，陈秀新，苏维均. 基于纹理特征与颜色对信息的车牌定位方法[J]. 科技情报开发与经济，2007，17（2）：163-164.

[17] 韩媞. 森林防火系统中图像识别算法的研究[D]. 哈尔滨：哈尔滨工业大学，2008.

[18] 叶东毅，何萧玲. 前馈神经网络的一个改进的 BP 学习算法[J]. 福州大学学报（自然科学版），1998，26（2）：22-24.

[19] BAI Hongliang，LIU Changping. A hybrid License Plate Extraction Method Based on Edge Statistics and Morphology[C]. In：Proceedings of the 17th International Conference on Pattern Recognition（ICPR'04），2004（2）：831-834.

[20] 赵雪春，戚飞虎. 基于彩色分割的车牌自动识别技术[J]. 上海交通大学学报，1998，32（10）：4-9.

[21] 蒋先刚，梁青，沈涛. 基于改进的均值漂移的森林火灾图像提取技术[J]. 华东交通大学学报，2011，28（4）：14-18.

[22] 崔屹. 图像处理与分析：数学形态学方法及应用[M]. 北京：科学出版社，2000.

[23] 蒋先刚. 数字图像模式识别工程软件设计[M]. 北京：中国水利水电出版社，2008.

[24] G. PEYRÉ，J. FADILI，J. -L. STARCK. Learning adapted dictionaries for geometry and texture separation，in Proc. SPIE，Sep. 2007，6701- 6711.

[25] 程鑫，王大川，尹东良. 基于图像处理的火灾火焰的探测原理[J]. 火灾科学，2005，14（4）：239-244.

[26] 梁青，蒋先刚，沈涛. 基于颜色互信息的病变细胞图像配准算法研究[J]. 华东交通大学学报，2011，28（2）：50-54.

[27] 曾明等. 基于形态特征和 SVM 的血液细胞核自动分析[J]．计算机工程，2008（1）：14-16.

[28] 程咏梅. 小波矩算法在图像识别中的应用研究[D]. 西安：西北工业大学，2002.

[29] HUANG Wei，LU Xiaobo，LING Xiaojing. Wavelet Packet Based Feature Extraction and Recognition of License Plate Characters[J]. Chinese Science Bulletin，2005，50（2）：97-100.

[30] 潘中杰，谭洪舟. 模板匹配法和垂直投影法相结合的一种新的车牌字符分割方法[J]. 自动化与信息工程，2007（2）：12-13.

[31] 潘崇,朱红斌. 基于自适应特征选择和 SVM 的图像分类的研究[J]. 计算机应用与软件，2010，27（1）：244- 246.

[32] DONOHO D. ELAD M. Optical Sparse Representation in General Directionaries via L1 Minimization[J]. Processing of the National Academy of Science，2003，（100）：2197 -2202.

[33] 李盛文，鲍苏苏. 基于 PCA+AdaBoost 算法的人脸识别技术[J]. 计算机工程与应用，2010，46（4）：170-174.

[34] 范自柱，刘二根，徐保根. 互信息在图像检索中的应用[J]. 电子科技大学学报，2007，36（6）：1311-1314.

[35] 张见威，韩国强. 基于互信息的医学图像配准中互信息的计算[J]. 生物医学工程学报，2008，25（1）：12-17.

[36] 邓承志，图像稀疏表示理论及其应用研究[D]，武汉：华中科技大学，2008.

[37] FAN Zheng, YE Xiaoqiong, LIU Wenyu. Image Decomposition and Texture Sgmentaion via Spare Representaion, Singnal Processing Letter, 15, 641-644, 2008

[38] K. LUSTING, STEPHEN BOYD, DIMITRY. An Interior-Point Method for Large-Scale L1-Regularized Least Squares. Journal of Selected Topics in Signal Processing, 1（4），2007

[39] 王粒宾，李莹军. 基于加权最小二乘的字典学习方法[J]. 系统工程与电子技术，33（8），1896-1900，2011

[40] JIANG Xiangang, TU Xiaobin, QIU Yunli. A New Flame Region Orientation Method Based on CMYK Color Feature, The internatinal conference on Automatic Control and artifical intelligence, March, 2012.

[41] JIANG Xiangang, QING Liang, TAO Shen. Cell Image Segmentation Based on Color Mutual Information, Third International Symposium on Information Processing, 528-531, November, 2010.

[42] JIANG Xiangang, TAO Longfeng, MA DEAN. "The calculation and display of carriage's coal piles volume based on two-dimensional lase scanning technology", The Second International Symposium on Innovation and Sustainability of Modern Railway, September, 2010.

[43] JIANG Xiangang, XU Lunlun, DEAN MA, FENG Taolong. Volume Rendering Effect Analysis with Image Preprocessing Technology Based on Three Dimension Anisotropic Diffusion, International Symposium on Intelligent Information Technology and Security Informatics, 789-792, March, 2010.

[44] JIANG Xiangang, DEAN MA, FENG taolong. "The Research of High Noise Image's Restoration and Recognition of Train's Plates", International Symposium on Intelligent Information Technology and Security Informatics, 150-153, March, 2010.

[45] 蒋先刚. 三维数据场重构与显示工程软件设计[M]. 北京：中国水利水电出版社，2009.

[46] 蒋先刚，崔媛媛. 基于局部灰度占比的粘连细胞分割方法[J]. 计算机工程与设

计，2009，30（19）：4451-4454.

[47] 蒋先刚，梁青，沈涛. 彩色互信息在细胞图像分割中的应用[J]. 计算机工程与设计，2011，32（9）：3099-3011.

[48] 崔媛媛，蒋先刚. 基于细胞图像局部分布特性的粘连分割技术研究[J]. 华东交通大学学报，2009，26（2）：52-55.

[49] 蒋先刚，许伦伦. 基于空间各向图像预处理方法及三维重构效率分析[J]. 华东交通大学学报，2009，26（3）69-72.

[50] 蒋先刚，许伦伦，基于三维各向异性扩散的图像平滑及三维重构效果分析[J]，华东交通大学学报，2010，27（3）：78-82.

[51] 蒋先刚，许苗春，崔媛媛，王爱奇. 机器视觉中的几何机器视觉中的几何畸变校正软件设计[J]. 华东交通大学学报，2010，26（1），34-37.

[52] 许苗春，蒋先刚，李林. 细小器官分割的可回溯三维种子填充新算法[J]. 华东交通大学学报，27（2），71-73.

[53] 蒋先刚，许苗春. 基于综合特征的字符模版库的建立与训练[J]. 华东交通大学学报，2010，27（2），74-78.

[54] 崔媛媛，蒋先刚，许伦伦. 指纹图像预处理方法的研究与比较[J]. 华东交通大学学报，2010，26（1）：76-81.

[55] 李恒建，张跃飞，王建英，尹忠科. 分块自适应图像稀疏分解[J]. 电讯技术，2006，93（4）：63-66.

[56] 尹忠科，王英，张跃飞. 图像稀疏分解中原子形成的快速算法[J]. 电讯技术，2005，45（6）：34-38.

[57] 史陪陪，练秋生，尚倩. 基于三层稀疏表示的图像修复算法[J]. 计算机工程，2010，36（12）：189-191.

[58] 孙家广，杨长贵. 计算机图形学[M]. 北京：清华大学出版社，2000.

[59] 蒋先刚. 基于各向异性扩散的图像平滑及在三维重构中的应用[J]. 计算机应用，2007, 1.

[60] 蒋先刚，梁青，沈涛. 彩色互信息在图像分割中的应用[J]. 计算机工程与设计，2011，32（9）：3099-3104.

[61] 王斌，罗志勇，刘栋玉，吕新民. 带钢边缘缺陷实时图像识别与宽度测量算法[J]. 无损检测，1997，19（7）：188-190.

[62] 罗云林，朱瑞平. 基于数字图像处理的火警监测系统研究[J]. 辽宁工程技术大学学报，2002，10（6）：30- 34.

[63] 李弼程，彭天强，彭波，等. 智能图像处理技术[M]. 北京：电子工业出版社，2004.

[64] JIANG Xiangang, QING Liang, TAO Shen. A New Color Information Entropy Retrieval Method for Pathological Cell Image[C]. 4th IFIP Information Conference

on Computer and Computing Technologies in Agriculture and the 4th Symposium on Development of Rural Information，2010. 10：30-38.

[65] 蒋先刚. 周丽萍. 基于微机的图像监视系统的程序设计[J]. 计算机与现代化，2007（1）：104-107.

[66] MILAN SONKA，VACLAV HLAVAC，ROGER BOYLE. Image Processing，Analysis，and Machine Vision[M]. 北京：人民邮电出版社，2003.

[67] DAVID F. ROGERS. Procedural Elements for Computer Graphics[M]. 北京：机械工业出版社，2002.

[68] 孙志林，孙志锋，魏磊. 颗粒跳跃的计算机图像预处理方法[J]. 浙江大学学报（自然科学版），2001，35（3）：276-280.

[69] T. Y. ZHANG，C. Y. SUEN. A fast parallel algorithm for thinning digital patterns. Communications of the ACM[J]，1983，27（3）：236-239.

[70] 蒋先刚，丘赟立，熊娟. 基于 Hessian 算子的多尺度视网膜血管增强滤波方法[J]. 计算机应用与软件，2014，31（9）：201-205.

[71] P. K. SAHOO, et al. A survey of thresholding techniques. Comput. Vision Graphics Image Process, 1988，41（2）：233-260.

[72] 汪张生，陈玉萍，蒋先刚. Delphi 应用程序中图像采集及处理技术[J]. 计算机与现代化，2001，（5）：142-146.

[73] ALLEN T. Particle size analysis. 4th ed. London：Champman and Hall，1992.

[74] 崔屹. 数字图像处理技术与应用[M]. 北京：电子工业出版社，1997.

[75] 田金文，柳健，张天序. 变窗 Gabor 变换理论及其在图像处理中的应用[J]. 红外与激光工程，1998，27（4），1-5.

[76] RAMIREZ, P. SPRECHMANN, AND G. SAPIRO. Classification and clustering via dictionary learning with structured incoherence and shared features, CVPR, 2010：1203-1212.

[77] 付忠良. 基于图像差距度量的阈值选取方法[J]. 计算机研究与发展，2001.

[78] 付忠良. 一些新的图像阈值选取方法[J]. 计算机应用，2000，28（10）：34-37.

[79] 贡玉南，华建兴，黄秀宝. 基于匹配 Gabor 滤波器的规则纹理缺陷检测方法[J]. 中国图象图形学报，2001，6（7）：624-628.

[80] 蒋先刚. 基于 Delphi 的数字图像处理工程软件设计[M]. 北京：中国水利水电出版社，2006.

[81] 丁兴号，邓善熙. Hu 矩和 Zernike 矩在字符识别中的应用[J]. 工具技术，2003，37（3）：16-18.

[82] RAFAEL C. GONZALEZ AND RICHARD E. Woods，Digital Image Processing，Second Edition，Prentice－Hall International，2002.

[83] KENNETH R. CASTLEMAN. Digital Image Processing，Prentice－Hall

International，Inc，1996.

[84] 张引，潘云鹤. 彩色汽车图像牌照定位新方法[J]. 中国图像图形学报，2001，6（4）：374-377.

[85] 郭捷，施鹏飞. 基于颜色和纹理分析的车牌定位方法[J]. 中国图像图形学报，2002，7（5）：472-476.

[86] 蒋先刚，丘赟立，冯大一，蒋兆峰. 基于规范化特征的月球撞击坑探测方法研究[J]，数据采集与处理，2015，30（6）：1169-1176.

[87] MAEDAJ et al. Segmentation of natural images using morphology diffusion and linking of boundary edges. Pattern recognition. 1999，31（12）1993～1999.

[88] LYGENGAR S S，DENG W. An efficient edge detection algorithm using relaxing labeling technique. Pattern Recognition，1999.

[89] HABIBOGLU Y H，GÜNAY O，CETIN A E. Covariance matrix-based fire and flame detection method in video[J]. Machine Vision and Applications，2012，23（6）：1103-1113.

[90] 陈才扣. 基于核的非线性特征抽取与图象识别研究[D]. 南京：南京理工大学，2004.

[91] 荣建忠，姚卫，高伟，姚嘉杰等. 基于多特征融合技术的火焰视频探测方法[J]. 燃烧科学与技术，2013，19（3）：227-233.

[92] 郭立，陆大虎，朱俊株. 基于 Gabor 多通道滤波和 Hapfield 神经网络的纹理图像分割[J]. 计算机工程应用，2000，36（6）：39-41.

[93] 陈武凡. 彩色图像边缘检测的新算法－广义模糊算子法[J]. 北京：中国科学（A 辑）.1995，25（2）：219-225.

[94] 李月景. 图像识别技术及其应用[M]. 北京：机械工业出版社，1985.

[95] HERVÉ JÉGOU，MATTHIJS DOUZE. Improving bag-of-features for large scale image search. Cordelia Schmid. International Journal of Computer Vision，2010，87：316- 336.

[96] WASHINGTON C. Particle size analysis in pharmaceutics and other industries. New York：Ellis Horwood，1992.

[97] 陈建军，陈武凡. 彩色图像的模糊增强与研究[J]. 计算机应用与软件，1995，12（6）：54-59.

[98] 夏振华，石玉，于盛林. 基于 Gabor 滤波器的指纹图像增强[J]. 工程图学学报，2006，5，80-85.

[99] 刘建庄. 基于二维直方图的图像模糊聚类分割方法[J]. 电子学报，1992，20（9）：40-46.

[100] 詹学峰，蒋先刚，胡晓燕. 侵入图像侦测的程序设计技术研究[J]. 华东交通大学学报（自然科学版），2005，2：95－99.

[101] 胡晓燕，蒋先刚，刘海峰. 基于神经网络的车牌字符识别算法试验及程序校验[J]. 华东交通大学学报（自然科学版），2005，1：71-75.

[102] 杜亚娟，潘泉，张洪才. 一种新的不变矩特征在图像识别中的应用[J]. 系统工程和电子技术，1999，21（10）：71-74.

[103] 程鑫，王大川，尹东良. 图像型火灾火焰的探测原理[J]. 火灾科学，2005，14（4）：239-244.

[104] 厉谨. 图像型火灾探测技术的研究[D]. 西安：西安建筑科技大学，2010.

[105] KO B C，CHENG K H，NAM J Y. Fire detection based on vision sensor and support vector machines[J]. Fire Safety Journal，2009，44（3）：322-329.

[106] 蒋先刚. 显微图像处理系统的软件设计[J]. 华东交通大学学报，2001，18（1）：1-4.

[107] 蒋爱平，于洋. 基于 Contourlet 林火图像多重分形分割的研究[J]. 仪器仪表学报，2010，31（4）：818-823.

[108] 左黎明，蒋先刚，胡梅. MatrixVB 在信号处理与数据可视化系统设计中的应用[J]. 计算机与现代化，2004，（3）：100-104.

[109] 鹿书恩. 基于火焰识别的火灾识别判据研究[D]. 重庆：重庆大学，2009.

[110] 周平，姚庆杏，钟取发，等. 基于视频的早期烟雾检测[J]. 光电工程，2008，35（12）：82-88.

[111] 王艳萍. 实时视频图像相关跟踪的算法的改进与实现[J]. 舰船科学技术，2004，6（3）：57-62.

[112] 蒋先刚，张盼盼，盛梅波. 基于时空块协方差融合特征的火焰识别方法[J]. 计算机工程与应用，2016，52（17）：208-214.

[113] J. JIANG，Image compression with neural networks-A survey[J]. Signal Processing：Image Communication，1999，14：737-760.

[114] 蒋先刚，丘赟立. 基于改进遗传算法的医学图片颜色迁移及重构[J]. 计算机应用与软件，2013，34（9）：43-48.

[115] 陆丽珍，基于多通道 Gabor 纹理特征的遥感图像检索[J]. 浙江大学学报，2004，Vol. 31（6）：708-711.

[116] 蒋先刚，范自柱，张盼盼. 基于 HOFHOG 特征词袋和 RF 的火灾区域探测[J]. 计算机应用研究，2016，33（10）：3160-3164.

[117] 蒋先刚，丘赟立. 基于多阈值 Otsu 分类和 Hessian 矩阵的脑血管提取[J]. 计算机工程与设计，2014，35（5）：1709-1712.

[118] 尹显东，姚军，李在铭. 基于 BP 神经网络的图像感兴趣区自动检测技术[J]. 系统工程与电子技术，2006，28（2）：192-195.

[119] 贾洁，王慧琴，胡燕，等. 基于最小二乘支持向量机的火灾烟雾识别算法[J]. 计算机工程，2012，38（2）：272-275.

[120] 许锋，卢建刚，孙优贤. 神经网络在图像处理中的应用[J]. 信息与控制，2003，Vol. 32（4）：344-350.

[121] 马宗方，程咏梅，潘泉，等. 基于快速支持向量机的图像型火灾探测算法[J]. 计算机应用研究，2010，27（10）：3985-3987.

[122] 姚玉荣，章曙晋. 利用小波和矩进行基于形状的图像检索[J]. 中国图象图形学报，2000，5（1）：123-127.

[123] 李厚君，李玉鑑. 基于 AdaBoost 的眉毛检测与定位[J]. 计算机与数字工程，2010，38（8）：175-177.

[124] BANDEIRA, L. , SARAIVA, JOSE, PINA, Pedro Impact crater recognition on Mars based on a probability volume created by template matching. IEEE T. Geosci. Remote, 2007, 45（12），4008–4015.

[125] URBACH, ERIK R, STEPINSKI, TOMASZ F. Automatic detection of sub-km craters in high resolution planetary images. Planet. Space Sci. 57（7），2009，880–887.

[126] MARTINS R, PINA P, MARQUES J S, SILVEIRA M. Crater detection by a boosting approach. IEEE Geosci. Remote Sensing Lett. 6（1），2009，127–131.

[127] PAPAGEORGIOU, C. P. , OREN, M. , POGGIO, T. A general framework for object detection, in：Sixth International Conference on Computer Vision, Bombay, India, 1998, 555-562.

[128] SALAMUNICCAR, G. , LONCARIC, S. , PINA, P. , et al. MA130301GT catalogue of Martian impact craters and advanced evaluation of crater detection algorithms using diverse topography and image datasets. Planet. Space Sci. 59（1），2011，111-131.

[129] DING, W. , STEPINSKI, T, MU, Y. , et al. Sub-kilometer crater discovery with boosting and transfer learning. ACM Trans. Intell. Syst. Technol. 2011, 2（4），39-42.

[130] 蒋先刚，丘赟立，范得营. 基于改进 PSO 的医学图片颜色迁移及重构[J]. 计算机工程与设计，2013，Vol. 34（2）：556-559.

[131] 蒋先刚，梁青，丘赟立. 基于 CMYK 颜色特征的火灾区域定位新方法[J]. 计算机工程与设计，2012，33（10），3903-3907

[132] 葛勇. 基于视频的火灾检测方法研究及实现[D]. 长沙：湖南大学，2009.

[133] 厉剑，董文辉，梅志斌，等. 火灾探测器智能探测算法实现与性能评估技术[J]. 消防科学与技术，2006，25（5）：668-672.

[134] 唐芳. 火焰视频特征检测分析的研究与应用[D]. 杭州：浙江大学，2008.

[135] 钟取发. 动态环境下早期烟雾、火苗的视频分级检测研究[D]. 杭州：浙江理工大学，2010.

[136] JIANHUI ZHAO, ZHONG ZHANG, SHIZHONG HAN, et al. SVM Based Forest Fire Detection Using Static and Dynamic Features[J]. ComSIS, 2011, 8（3）: 821-841.

[137] 崔宝侠, 乔继斌. 基于 Cr、Cb 色彩空间的森林火焰图像分割方法[J]. 沈阳工业大学学报, 2009, 31（1）: 89-92.

[138] 蒋先刚, 张盼盼, 盛梅波, 胡玉林. 基于级联及组合属性形态学滤波的模糊边界目标识别[J]. 计算机工程, 2016, 42（3）220-225.

[139] 阮秋琦. 数字图像处理学[M]. 北京：电子工业出版社, 2001.

[140] 冯伟. 视频序列运动目标检测与识别方法研究[D]. 西安：西北工业大学, 2003.

[141] 沈跃. 基于压缩感知理论的电力系统数据检测与压缩方法研究[D]. 苏州：江苏大学, 2011.

[142] 蒋先刚, 蒋兆峰, 盛梅波, 丘赟立. 基于局部 Haar 和 PHOG 特征的月球撞击坑综合检测方法[J]. 中国科学 G 辑, 2013, 43（11）: 1421-1429.

[143] 郭厚馄, 蔡卫平, 林向方. 基于图像处理的火灾定位研究[J]. 华东交通大学学报, 2005, 22（4）.

[144] 边肇棋, 张学工. 模式识别[M]. 北京：清华大学出版社, 2002.

[145] 陈才扣. 基于核的非线性特征抽取与图象识别研究[D]. 南京：南京理工大学, 2004.

[146] 陈晓娟, 卜乐平, 李其修. 基于图像处理的明火火灾探测研究[J]. 海军工程大学报. 2007, 19（3）: 6-11.

[147] 蒋先刚, 艾剑锋. 显微图像特征量的获取与分析[J]. 华东交通大学学报, 2006. 5: 66-69.

[148] 郑宏, 潘励. 基于遗传算法的图像阈值的自动选取[J]. 中国图像图形学报, 1999, 4（4A）: 327-330.

[149] 徐瑞鑫, 刘伟宁. 基于切分模板的实时跟踪算法[J]. 吉林工程学院学报, 2002, 9: 23-29.

[150] 杨猛, 赵春晖, 潘泉, 等. 基于小波分析的烟雾多特征融合和空间精度补偿森林火情检测算法[J]. 中国图象图形学报, 2009, 14（4）: 694-700.

[151] 减晶. 基于支持向量机的火灾探测系统研究[J]. 沈阳理工大学学报, 2009, 1（3）: 54-56.

[152] 李民. 基于稀疏表示的超分辨率重建和图像修复研究[D]. 成都：电子科技大学, 2011.

[153] 沈松, 朱飞, 姚琦, 等. 基于稀疏表示的超分辨率图像重建[J]. 电子测量技术, 2011, 34（6）: 37-40.

[154] 杜吉祥, 余庆, 翟传敏. 基于稀疏性约束非负矩阵分解的人脸年龄估计方法[J]. 山东大学学报, 2010, 45（7）: 65-69.

[155] 畅雪萍, 郑忠龙, 谢陈毛. 基于稀疏表征的单样本人脸识别[J]. 计算机工程, 2010, 36 (21): 175-177.

[156] ÇETIN, A. E. , PORIKLI, F. : Special issue on dynamic textures in video. Mach. Vis. Appl. 2011, 22 (5): 739–740.

[157] 王露, 龚光红. 基于 ReliefF+MRMR 特征降维算法的多特征遥感图像分类[J]. 中国体视学与图像分析, 2014, 19 (3): 250-255.

[158] TUZEL O, PORIKLI F, MEER P. Region covarianee: A fast descriptor for detection and classification[C]. Proceeding of 9th European Conference on Computer Vision, Graz, Austria, 2006, 589 -600.

[159] PORIKLI F, TUZEL O, MEER P. Covariance tracking using model update based on lie algebra[C]. IEEE Conference on Computer Vision and Pattern Recognition, New York, 2006, 728-735.

[160] K. ANGAYARKKANI, DR. N. RADHAKRISHNAN. An Intelligent System For Effective Forest Fire[J]. International Journal of Computer Science and Information Security, 2010, 7 (1): 202-208.

[161] HA C, JEON G, JEONG J. Vision-based smoke detection algorithm for early fire recognition in digital video recording system[C]. Proceedings of International Conference on Signal-Image Technology and Internet-based Systems: IEEE Computer Society Press, Dijon, French, 2011, 209-212.

[162] ÇELIK, T. AND DEMIREL, H. Fire detection in video sequences using a generic color model[J]. Fire Safety Journal, 2009, 44: 147-158.

[163] 孙小明, 孙俊喜, 赵立荣, 等. 暗原色先验单幅图像去雾改进算法[J]. 中国图象图形学报, 2014, 19 (3): 281-285.

[164] 刘清, 窦琴, 郭建明, 李龙利. 基于多特征组合的协方差目标跟踪方法[J]. 武汉大学学报 (工学版), 2009, 42 (4): 512-515.

[165] 李广伟, 刘云鹏, 尹健, 史泽林. 基于改进李群结构的特征协方差目标跟踪[J]. 仪器仪表学报, 2010, 31 (1): 111-116.

[166] 吴刚, 唐振民, 杨静宇. 融合李群理论与特征子空间基的图像目标跟踪[J]. 控制理论与应用, vol29 (10): 1272-1276, 2012.

[167] 芦鸿雁, 赵方舟. 基于协方差描述子的红外目标粒子滤波跟踪算法[J]. 微电子学与算机, 2013, 30 (4): 71-74.

[168] PORIKLI F, TUZEL O, MEER P. Covarianee tracking using model update based on lie algebra[C], IEEE Conference on Computer Vision and Pattern Recognition, New York, 728-735, 2006.

[169] W. FÖRSTNER, B. MOONEN. A metric for covariance matrices[J], Control Engineering, 30 (12): 45-4, 1999.

[170] LEO BREIMAN. Random Forest[J]. Machine Learning，2001，45（1）：5-32.

[171] VERIKAS A，GELZINIS A，BACAUSKIENE M. Mining data with random forests：a survey and results of newtests[J]. Pattern Recognition，2011，44（2）：330-349.

[172] 向涛，李涛，李旭冬，李冬梅. 基于随机森林的层次行人检测算法[J]. 计算机应用研究，2015，32（7）：2196-2199.

[173] CHUNYU Y，JUN F，JINJUN W，et al. Video fire smoke detection using motion and color features[J]. Fire Technology，2010，46（3）：651-663.

[174] GABRIELA MIRANDA，ADRIANO LISBOA，et al. Color feature selection for smoke detection in videos[C]. Industrial Informatics（INDIN），12th IEEE International Conference，2014，31-36.

[175] S. J. HAM，B. C. KO，AND J. Y. NAM. Vision based forest smoke detection using analyzing of temporal patterns of smoke and their probability models. Image Processing：Machine Vision Applications IV，7877：1-6，2011.

[176] LEE C Y，LIN C T，HONG C T，et al. Smoke detection using spatial and temporal analysis[J]. International Journal of Innovative Computing Information and Control，2012，8（7）：4749-4770.

[177] SIMON BAKER. A Database and Evaluation Methodology for Optical Flow. Int J Comput Vis，2011，92：1-31.

[178] ZHOU Y，ZHAO H，SHANG L，et al. Immune K-SVD algorithm for dictionary learning in speech denoising[J]. Neurocomputing，2014，137：223-233.

[179] KALAL Z，MATAS J，MIKOLA JCZYK K. P-N learning：bootstrapping binary classifier by structural constraints[C]. Proceedings of 2010 IEEE Conference on Computer Vision and Pattern Recognition. Piscataway：IEEE，2010：49-56.

[180] CALDERARA S，PICCININI P，CUCCHIARA R. Vision based smoke detection system using image energy and color information[J]. Machine Vision and Applications，2011，22（4）：705-719.

[181] KO B C，KWAK J，NAM J. Wildfire smoke detection using temporal-spatial features and random forest classifiers[J]. Optical Engineering，2012，51（1）：1-10.

[182] 赵建华，方俊，疏学明. 基于神经网络的火灾烟雾识别方法[J]. 光学学报，2003，23（9）：1086-1089.

[183] 方维. 火灾图像分割技术的研究[D]. 西安：西安建筑科技大学，2010.

[184] 刘媛珺. 双波段野外火灾图像识别及目标定位方法研究[D]. 南京：南京航空航天大学，2009.

[185] S. BRIZ，A. J. DE CASTRO，J. M. ARANDA，et al. Reduction of false alarm rate

in automatic forest fire infrared surveillance systems[J]. Remote Sensing of Environment, 2003, 86: 19–29.

[186] DARKO KOLARIC, KAROLJ SKALA, AMIR DUBRAVIC. Integrated System For Forest Fire Early Detection and Management[J]. Periodicum Biologorum, 2008, 110 (2): 205-211.

[187] 疏学明, 方俊, 申世飞, 等. 火灾烟雾颗粒凝并分形特性研究[J]. 物理学报, 2006, 55 (9): 4466-4471.

[188] 徐勇, 范自柱, 张大鹏. 基于稀疏算法的人脸识别[M]. 北京: 国防工业出版社, 2014.

[189] 蒋先刚, 张盼盼, 盛梅波, 胡玉林. 基于级联及组合属性形态学滤波的模糊边界目标识别[J]. 计算机工程, 2016, 42 (3): 220-225.

[190] 蒋先刚, 张盼盼, 胡传秀, 胡玉林. 视频烟雾的颜色和动态特征的选择及探测方法[J]. 计算机工程与设计, 2016, 37 (7): 1867-1872.